我的第一株
多肉植物

培育多肉的混植實例·栽培法·繁殖法

715品種完全圖鑑

監修
田邊昇一

前言

　近年來，開始栽種或玩賞多肉植物的人正在逐漸增加。

　愈來愈多「第一次養多肉植物」或是詢問「該如何照料多肉植物」的客人來到店裡；這對從小就很喜歡多肉植物和仙人掌的我來說，是相當高興的一件事。

　但另一方面，我也聽說有很多人因為養不好，覺得多肉植物太難養而放棄了。其實，無法順利種植的原因，大多是因為以一般園藝植物的栽培方式照料，或是在室內栽培的關係。

　多肉植物會將水分和養分儲存於葉子、莖部或根部，這樣的外觀及生長方式真的很有魅力。野生多肉植物的生長區域，大多是土壤養分少、極度乾燥的地帶，或是早晚溫差很大的環境。可是日本卻有四季之分，夏季高溫潮溼，梅雨季或秋季會連續降雨，冬季氣溫驟降。如果想栽種多肉植物，請改變一個觀念，那就是不能採取一般園藝植物的培育方式。

　實際上，栽種多肉植物並沒有那麼困難。即便是人類，原本住在炎熱乾燥地區的人來到日本，也會因為高溫潮溼的夏天及寒冷的冬天而狀態不佳。植物也是一樣的。照顧你的多肉植物時，請想像一下，它們待在什麼樣的環境下會感到舒適。

　本書以簡單易懂的方式彙整多肉植物的基本栽培原則，包含澆水、高溫與低溫時的因應對策、各生長類型的年曆、每日管理工作、混植的訣竅等內容。本書圖鑑的部分，也從容易栽種的品種到難度較高的品種當中，平均挑選出高人氣品種並加以介紹。

　剛開始難免面臨失敗，不過我們可以從失敗中學到很多，我認為失敗是必要的條件。澆太多水，根部會腐爛枯萎；不知道養的是夏生型品種，結果冬天還一直放在戶外，導致植株因寒冷而枯萎。失敗的經驗中，蘊含著長期順利栽培多肉植物的祕訣。養失敗了，請想一想失敗的原因在哪裡，並且活用於下一次的栽種經驗。多次重複嘗試後，多肉植物應該就會愈養愈順利。

　我將自己在店裡向客人說明的栽培知識集中整理成這一本書。如果本書能為各位帶來愉快的多肉植物生活，那將是我的榮幸。

田邉 昇一

我的第一株多肉植物
715品種完全圖鑑
contents

前言 002
本書的使用方法 006

Part 1
混植的樂趣

與耐乾燥的植物混植 008
集中靠攏多肉植物 012
混植的流程與要點 014

Part 2
基本栽培知識

植株挑選與栽培要點 018
放置地點的基本觀念 020
日照、溼度、溫度對策 021
澆水的基本觀念 023
土壤與肥料 024
好用的栽培工具 025

各生長類型　管理工作年曆 026

扦插、葉插、換盆、分株 028
　Case 1　子株長出來 029
　Case 2　莖部或枝條變長，愈來愈茂密 030
　Case 3　子株增加，根部阻塞 032
　Case 4　匍匐莖愈來愈長 034
　Case 5　莖葉長得搖搖晃晃 035
　Case 6　養出漂亮的肉錐花或生石花 036

多肉植物的病蟲害因應對策 037

Part 3
人氣多肉植物圖鑑

【景天科】
蓮花掌屬 040
天錦章屬 042
擬石蓮屬 044
伽藍菜屬 062
　大受歡迎的「兔耳」家族 064
青鎖龍屬 066
風車草屬×擬石蓮屬 071
風車草屬×佛甲草屬 073
碧珠景天屬×佛甲草屬 073
風車草屬 074
厚葉草屬×擬石蓮屬 075
銀波錦屬 076
瓦松屬 077
佛甲草屬 078
佛甲草屬×擬石蓮屬 083
厚葉草屬 085
長生草屬 086
奇峰錦屬 088
八寶屬 088
瓦蓮屬 089
魔蓮花屬 089

【阿福花科】
蘆薈屬 090
松塔掌屬 093
摺扇蘆薈屬 093
鯊魚掌屬 094
鯊魚掌屬×蘆薈屬 095
十二卷屬 096
鱗芹屬 108
青瓷塔屬 108

【大戟科】
大戟屬 109
翡翠柱屬 114
銀龍屬 115
麻瘋樹屬 115

【番杏科】
生石花屬 116
肉錐花屬 120
鮫花屬 124
銀麗玉屬 124
瑕刀玉屬 124
天賜木屬 125
對葉花屬 125
佛指草屬 126
光琳菊屬 126
寶綠屬 126
夜舟玉屬 127
天女屬 127
春桃玉屬 127
仙寶木屬 128
角鯊花屬 128
碧玉蓮屬 128
晃玉屬 129
仙女花屬 129
舟葉花屬 129

【天門冬科】
龍舌蘭屬 130
哨兵花屬 134
虎眼萬年青屬 134
虎尾蘭屬 134
油點百合屬 135
蒼角殿屬 135
油點花屬 135

【夾竹桃科】
棒錘樹屬 136
水根藤屬 140
凝蹄玉屬 142
豹皮花屬 146

星鐘花屬 148
犀角屬 150
水牛角屬 151
玉牛角屬 151
吊燈花屬 152

【苦苣苔科】
豔桐草屬 138

【菊科】
厚敦菊屬 138
黃菀屬 144

【牻牛兒苗科】
龍骨葵屬 139

【馬齒莧科】
馬齒莧屬 139
回歡龍屬 140
回歡草屬 143

【漆樹科】
蓋果漆屬 140

【桑科】
琉桑屬 141

【防己科】
千金藤屬 141

【刺戟木科】
亞龍木屬 141

【西番蓮科】
假西番蓮屬 142

【薯蕷科】
薯蕷屬 142

【蕁麻科】
冷水麻屬 151

【胡椒科】
椒草屬 152

【鳳梨科】
劍山之縞屬 153
鐵蘭屬 154

【仙人掌科】
銀毛球屬 156
有星屬 158
裸萼屬 159
仙人球屬 160
升龍球屬 160
灰球掌屬／天晃玉屬 161
絲葦屬 161
翁寶屬 162
烏羽玉屬 162
清影球屬 163
極光球屬 163
寶珠球屬 163
薄稜玉屬 164
錦繡玉屬 164
強刺屬 164
仙人掌屬 165
惠毛球屬 165
光山玉屬 165

[專欄column]
石化(monstrosa)與綴化(cristata) 047
如何讓葉子變成美麗的紅葉 053
新品種的命名規則 060
伽藍菜屬大多以
　「仙」、「扇」、「舞」、「兔」、「福」命名 063
什麼是異屬交配種？ 075
不同類型的十二卷屬① 098
不同類型的十二卷屬② 108
大戟屬的白色樹液 110
個性鮮明的大戟屬 112
仙人掌的刺與大戟屬的刺 113
生石花發生徒長時，應等待下一次脫皮 119

龍舌蘭的浮水印與生長痕跡 130
前蘿藦科的花朵 147

[保養多肉植物 petit]
胴切法→扦插重新修整
＜擬石蓮屬　七福神＞ 058

修剪變長的莖與枝條，重新栽培
＜伽藍菜屬　泰迪熊＞ 063

修剪變長的莖與枝條，重新栽培
＜青鎖龍屬　小米星＞ 070

修剪子株，重新栽培
＜風車草屬×擬石蓮屬　瑪格麗特＞ 072

重新栽培分生的枝條
＜銀波錦屬　熊童子＞ 077

修剪變長的莖和枝條，重新修整
＜厚葉草屬　嬰兒手指＞ 084

修剪生長的子株，重新修整
＜長生草屬　瑪琳＞ 087

子株增加，根部堵塞
＜蘆薈屬　勞氏蘆薈・白狐＞ 092

子株增加，根部堵塞
＜鯊魚掌屬　白星臥牛＞ 095

子株繁殖，根部阻塞
＜十二卷屬　青鳥壽＞ 104

肉錐花屬與生石花屬的「脫皮」現象 123

多肉植物　用語指南 166
索引 169
參考文獻 175

本書的使用方法

* Part 1「混植的樂趣」介紹混植的實例與做法。
* Part 2「基本栽培知識」介紹土壤、肥料、澆水、溫度管理等栽培方法。
  建議尚未熟悉多肉植物栽培方法的人，從 Part 2 開始閱讀。
* Part 3「人氣多肉植物圖鑑」會介紹 712 種多肉植物。原則上依照學名的英文字母順序編排，
  但其中有幾處經過調換。學名以 APG 分類法為依據。關於內頁的閱覽方式，請參照下方說明。

※ 遇到不了解的詞語時，請參考詞彙指南（p.166）。

澆水
介紹澆水的方法。

栽培難易度
★★★ 容易
★★☆ 普通
★☆☆ 困難

科名

屬名

生長類型
標示該屬主要的生長類型，分別有春秋生型、夏生型、冬生型，但不同品種會有所差異。

學名
有關學名的閱讀方式，請參照 p.168。

一般的品種名

別名
將商業名、俗名等，統整為「別名」並加以介紹。

原產地
多肉植物的主要原生地點。

屬名

科名

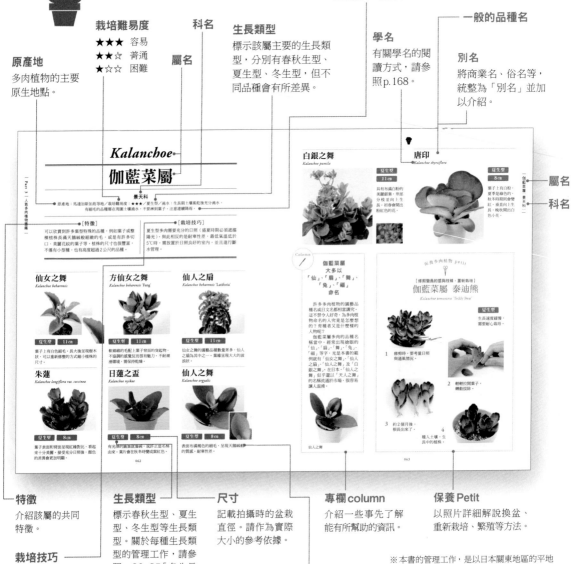

特徵
介紹該屬的共同特徵。

栽培技巧
介紹該屬植物的栽培要點。

生長類型
標示春秋生型、夏生型、冬生型等生長類型。關於每種生長類型的管理工作，請參照 p. 26-27「各生長類型管理工作年曆」。

尺寸
記載拍攝時的盆栽直徑。請作為實際大小的參考依據。

記載該品種的特徵和栽培訣竅。

專欄 column
介紹一些事先了解能有所幫助的資訊。

保養 Petit
以照片詳細解說換盆、重新栽培、繁殖等方法。

※ 本書的管理工作，是以日本關東地區的平地為基準。書中所稱的寒冷地帶，是指關東地區以北的區域（信越、東北地帶、北海道）以及高山地帶，都屬於冬天氣溫較低的區域。

1

混植的樂趣

葉子形狀、整體外型、色調，多肉植物擁有各種不同的樣貌。
除了單獨種在盆栽裡，也很推薦混植的方式。
可在一個盆栽裡欣賞植物互相襯托，且變化豐富的姿態。
成功混植的訣竅在於，將管理方式相同的品種搭配在一起。
本章將介紹10種混植的實際示範。

與耐乾燥的植物混植

我做過很多只混植多肉植物的作品,而這次想大膽搭配耐乾燥的植物。
澳洲、紐西蘭、南非、地中海原產的植物中,
有很多耐乾燥的品種,請用心挑選出澆水和溫度管理條件相似的植物。
銀葉植物中有許多耐乾燥的品種,請先記下來。
不要受到既有觀念的限制,自由創作出只屬於你的混植作品。

混植
1

,,

運用饒富趣味的
植物和藥草
營造高低錯落的枝條
與簡約的佛甲草屬搭配

雪葉木長著令人印象深刻的古銅色枝條。雪葉木與多肉植物的性質相似,生長於紐西蘭,耐寒性高,不耐高溫潮溼的夏季;因此這裡選擇搭配佛甲草屬。在前方匍匐的植物為百里香屬。其他耐乾燥的藥草,還包括迷迭香等植物。盆栽是根據佛甲草的花色挑選。

混植
2

，

生石花屬與鳳卵草屬
和葉色特別的植物一起種植

生石花屬與鳳卵草屬會擬態成石頭以躲避蟲害，搭配地中海原產的 *Lotus hirsutus* 'Brimstone'，並在邊緣加入一些白色石頭。*Lotus hirsutus* 'Brimstone' 喜歡乾燥環境，是很耐低溫的宿根草。中間的青鎖龍屬及左方低垂的千里光屬展現動態感。

混植
3

，

色彩優雅的多肉植物
呈現輕盈美麗的姿態

搭配盆栽的顏色，將色彩優雅的多肉植物集中起來。種植月兔耳、佛甲草屬、風車草屬和千里光屬等植物，大膽地表現出動態感。

混植
4

混植
5

在高高的赤陶盆中
打造同色系的柔美氣氛

將擬石蓮屬和厚葉草屬種在中間，在
高高的赤陶盆中栽種枝條匍匐的銀樺
屬品種。前方一樣選用低垂的千里光
屬，營造微妙的變化感。

享受冬天的紅葉
欣賞植物
狂亂生長的光景

混植的多肉植物會隨著時間逐漸往
左右或上方延伸，或是隨意而狂亂
地扭動生長。佛甲草屬在後方蘆薈
屬和中間擬石蓮屬的周圍舞動。混
植至今已經過了10年，現在依然
一整年中成長茁壯。

混植
6

放膽布置不同大小的塊根植物

塊根植物大多採取單獨種植的方式，但只要選用管理條件相同的品種，就能種在同一個盆栽裡。不過，塊根植物對換盆較敏感，因此禁止在冬季換盆，請在約5～6月的初夏時期執行。照片後方的植物為常綠瓶幹，左邊是羅斯拉棒槌樹，右邊是棒錘樹屬惠比須笑。

混植
7

在繽紛的紅色盆栽中搭配紅色和深紫色植物，營造出統一感

盆栽和混植品種的顏色互相搭配，在一個盆栽中打造整體感。運用蓮花掌屬凸顯高度，並在前方搭配較矮的品種以取得平衡。不需要大量種植，以紅色化妝砂點綴。朝四面八方栽種多肉植物，不論從哪個方向欣賞看起來都是正面。

集中靠攏多肉植物

多肉植物混植的經典栽種法，就是只混植多肉植物。
將相同「生長類型」的品種放在一起，乃是成功的關鍵。
留心每一株植物的「形狀」，布置出立體感。
除了可愛的小盆栽之外，也推薦使用大盆栽
打造活潑躍動的變化。

混植

8

玩賞以擬石蓮屬
為主角的大盆栽

種植大型混植盆時，最重要的先決條件是「決定主角」和「該把重心擺在哪裡」。請將尺寸或顏色較吸引人的品種作為主角，重心擺在左方並取得整體平衡，以做出起伏律動感。種植擬石蓮屬和佛甲草屬，營造躍動感。

混植
9

**真想嘗試一次
華麗的花圈混植**

從佛甲草屬和擬石蓮屬多肉植
物中，選出生長類型相同的品
種，挑出大小相同的植株並大
量種植。真是符合多肉植物形
象，一如既往的可愛氛圍。

混植
10

**運用高度差異
做出變化**

右後方種植往上生長的類型，前方選
用較低矮或枝條低垂的植物。下垂的
植物不放正面，擺在右邊或左邊以凸
顯植物的變化。

混植的流程與要點

進行混植時,重點在於做出高低差異,思考色彩的平衡性,

想像種下的幼苗會如何生長,種植後會呈現什麼樣貌。

請根據前述重點來挑選幼苗。

接下來將介紹混植的流程。

重點

Point 1 挑選管理方式相似的品種

為了種在同一個盆栽裡，需要確認植物的生長類型是春秋生型、夏生型、還是冬生型。請根據澆水或放置地點等管理方式，將條件相似的品種收集起來。

Point 2 思考該從哪個角度觀賞植物

如果要從前方欣賞植物，建議前面種低矮植物，後方則種比較高的植物。如果想由上往下觀賞，請留意幼苗的顏色或組合並加以配置。

Point 3 先挑盆栽？還是先挑植株？

盆栽和植株的搭配也是十分重要。可以先選擇喜歡的盆栽，也可以根據你想種的品種來挑選。但請以襯托主角為前提來挑選盆栽或植株。

Point 4 取得植株的顏色與大小平衡

植株的大小差異過大，會變得很難取得平衡。決定好主角後，挑選植株時請考慮到大小差異。另外也要想一想，該選顏色繽紛的，還是同色系的？

準備工具

A＿輕石（盆底石）

B＿培養土

C＿噴霧瓶（噴水瓶）

D＿栽種用的盆栽
（如果難以區分盆栽的前後方向，在前面貼上紙膠帶做記號就行了）

E＿幼苗
擬石蓮屬、佛甲草屬、青鎖龍屬等5種

F＿墊在底下的網子
（避免害蟲侵入／防止盆土流出）

G＿剪刀
（事先用酒精消毒）

H＿塑膠湯匙

I＿小鑷子
（事先用酒精消毒）

J＿鏟子

步驟

1 將網子墊在盆栽底下。

2 鋪上盆底石。

3 將培養土加到一半。

4 準備幼苗。先剝鬆根部附著的土。

5 拔掉下面的葉子，去除枯萎的葉片。

6 剪掉過長的根。

7 準備好幼苗。

8 將植株暫時插入盆栽，想像一下成品。

9 右撇子的人，從左前方種植會比較方便。

10 種好一株後再倒入培養土，重複操作。可以邊轉動盆栽邊種植。

11 用小鑷子輕戳土壤，使根部深入土中。

12 種下大量幼苗，會使植株形狀難以變化；種得寬鬆才能體驗植株生長的樂趣。

13 塞入更多土，將空隙填滿。用小鑷子戳土壤，讓土充分陷入根部。

14 調整角度，讓每株幼苗的「臉」露出來。植株需要平均照到日光。

15 土乾掉會很難進行最後一步，噴一點水以加溼土壤。

16 最後栽種下垂的品種。先用小鑷子戳一戳種植的地方。

17 根部較細的品種，用小鑷子夾會更好種。

18 縫隙和背面也要種到。

完成！

Point

一週後開始澆水！

基本栽培知識

多肉植物大多生長在日夜溫差大、
雨量極少且乾燥的土地，與日本的氣候形成對比。
膨脹的葉片及粗胖的根部，是為了適應嚴苛環境而進化的證據。
多肉植物本來就是很強韌的植物，但為了在非原產地的地區栽種，
需要先了解有哪些基本知識。

How to choose
succulent seedlings
&
cultivation
points

植株挑選與栽培要點

栽培多肉植物的起點，就從「挑選植株」開始。
請考量預算並找出喜歡的品種，選擇健康的植株吧。

—— 葉子或莖部的
色澤漂亮。

—— 沒有生病，
沒有害蟲（p.37）。

—— 莖部不會
搖搖晃晃地生長
（＝未發生徒長）。

POINT

憑直覺確認植株是否沒精神是
很重要的一點。避免購買感覺
「哪裡怪怪的」植株。

挑選植株的檢查事項

挑選植株是栽培的第一步。挑選時選擇
健康成長的植株，是成功培育的關鍵。

首先，請留意看了中意的植株有哪些，
或是想收集哪些品種，並從預算範圍內挑
出適合的植株。請參考左邊的幾項要點，
選擇健康生長的植株。購買時先確認屬名
和品種名是很重要的一點。為了給予適當
的管理，需要檢查標籤上的名稱，如果沒
有標籤的話，請確實詢問店員。

Shop

店家

專賣店或和園藝店更放心！

多肉植物專賣店或園藝店中
販售的植株較令人放心。因為
大多會在日照充足、通風良
好、適合栽培的環境（p.20），
正確地管理植株。

不過，我們也想珍惜與植株
邂逅的緣分。最近銷售多肉植
物的雜貨店也逐漸增加，如果
遇到了喜歡的植株，直接購買
也是沒問題的。但是，如果店
家將植株放在室內培養，購買
後馬上讓植株受到直接日照可
能會造成葉子曬傷。因此請讓
植株慢慢地適應陽光。

Season

季節

建議從春天開始栽培

第一次栽培多肉植物的人，
建議從春季到初夏時期開始種
植。許多多肉植物屬於在春天
和秋天生長的「春秋生型」，
在氣象平穩的春天栽培，植物
更能健康成長。從春天開始養
多肉，可逐步熟悉多肉植物的
栽培方式，如因應梅雨溼氣、
盛夏高溫潮溼，或是陽光直射
時的保養等。而且，店家會在
春天擺出很多品種，植株本身
也較健康。購買「夏生型」多
肉時，春季到初夏時期也是合
適的挑選時間。如果想在其他
季節栽培，當然也沒問題。

Price

價格

便宜的植株比較好養？

多肉植物的價格範圍很廣，
種類也相當多樣，從日幣百元
到萬元的都有。價格差距最大
原因在於栽培和繁殖難易度。
會長子株且容易繁殖，或是強
韌的品種可以大量生產幼苗，
所以價格便宜。也就是說，便
宜的品種比較容易栽種。反
之，價格昂貴的多肉當中，有
許多不易繁殖的品種。除此之
外，從原產地進口的植株（稱
為原產球）要價不菲。要在原
產地、氣候及風土條件截然不
同的日本種植，必須具備一定
的栽培知識與經驗。

多肉植物初心者的成功5大重點

好不容易決心開始栽培多肉植物，結果還是可能發生養沒多久就枯萎，進展不順利的情況。但開始是很重要的一步，請累積成功的栽培經驗，同時嘗試培育各式各樣的品種吧。

Point 1 選擇容易栽培的品種
擬石蓮屬、佛甲草屬、龍舌蘭屬等對初學者來說易栽種。請挑選便宜健壯的品種。

Point 2 確認生長類型
選擇已知的屬名、品種名，並當場確認生長類型。避免購買不了解的植株。

Point 3 從專賣店獲取知識
在專賣店購買第一株多肉植物。請店家指導栽培的方法。

Point 4 連土壤一起換盆
移植到其他盆栽時，保留根部周圍的土壤，加入新土壤並換到更大的盆栽裡。

Point 5 混植相同生長類型的品種
如果想混植，請選擇生長類型相同的植株。不同生長類型很難種在一起。

培育人氣塊根植物的5大重點

「塊根植物」（p.136～142）生長在乾燥嚴苛的環境，儲存水分和養分的莖部或根部呈塊狀，其獨特的外型相當受歡迎。這裡將介紹5大要點，教你培育出形狀好看又健壯的塊根植物。

Point 1 慢慢長大
想栽培出膨大的塊莖及塊根，需要極力控管肥料量。塊根植物的生長速度較緩慢，屬於在原產地需花10年、20年成長的種類。請好好享受「慢慢長大」的樂趣吧。

Point 2 小心不要澆太多水
夏季生長期時，請等到盆土完全轉乾後再充分地澆水。將竹籤插入土中確認溼度，避免澆太多水。

Point 3 每月1次休眠期，給予少量水分
葉子會在休眠期脫落，原則上此時需要進行斷水，可是完全不澆水會造成植株枯萎。在日本以盆栽種植，需要每個月澆1次水，澆到土壤表面溼潤的程度。

Point 4 於初夏進行換盆
塊根植物對於換盆十分敏感，因此換盆後的2～3年不可再次換盆。換盆時期大約在5～6月的初夏進行。

Point 5 實生株更容易栽培
塊根植物的栽培新手，與其選擇取自原產地的進口「原產球」，不如選擇國內從種子開始培育的實生株，養起來更容易。

實生株

原產球

Basic knowledge
of
where to put
succulents

放置地點的基本觀念

多肉植物的基本放置場所是在室外，而不是室內。
要養出健康的植株，日照和通風是必要條件。

戶外、日照、通風

多肉植物如此可愛又獨特，有些人應該想擺在室內當作室內裝飾吧？但是，多肉植物和所謂的觀葉植物不同，它們是必須充分接收日照的植物。室內的陽光對多肉來說非常不夠。

為了栽培出健康的多肉植物，放置地點的三大原則就是「戶外」、「日照」、「通風」。當你不知道該放哪裡的時候，請回想一下前述幾項原則。

室內日照與通風不足

舉例來說，夏季天氣晴朗時，戶外直射的陽光為10萬勒克斯。陰天大約也有3萬勒克斯（皆為12點左右的戶外參考數值）。另一方面，室內向南的明亮窗邊，照度約為8000～9000勒克斯。兩者相差了1位數。

而且室內的通風通常也不足。冬天將植物移入室內時，請在澆完水後用電風扇送風。

適合栽培的放置地點

盆栽更容易應對四季的氣候變化，所以若要種植多肉植物，盆栽會比地栽更適合。這裡將介紹在陽台栽培的基本方法，如果住在透天房的話，請將盆栽放在屋簷下。

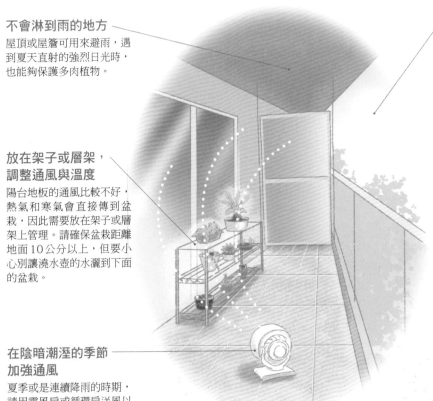

不會淋到雨的地方
屋頂或屋簷可用來避雨，遇到夏天直射的強烈日光時，也能夠保護多肉植物。

日照很重要
儘量在陽光充足的方位設置栽培空間。並替不耐夏季陽光直射的品種加裝遮光網（p.21）。

放在架子或層架，調整通風與溫度
陽台地板的通風比較不好，熱氣和寒氣會直接傳到盆栽，因此需要放在架子或層架上管理。請確保盆栽距離地面10公分以上，但要小心別讓澆水壺的水灑到下面的盆栽。

在陰暗潮溼的季節加強通風
夏季或是連續降雨的時期，請用電風扇或循環扇送風以驅散溼氣。

植物生長燈
無論如何都要在室內種植的話，「植物生長燈」是很好用的工具。到專賣店或園藝店購買植物時，請詢問店員有哪些品種適合以室內燈光栽培，以及溫度管理、燈光種類等相關建議。

Measures against
sunlight, humidity
and
temperature

日照、溼度、溫度對策

許多多肉植物原本生長於中午高溫，夜晚氣溫降低，空氣乾燥的環境。日本的氣候高溫潮溼，一起看看栽培重點有哪些吧。

原生地的氣候如何？

多肉植物的原產地大多在南非、馬達加斯加、中南美洲等熱帶地區。一提到熱帶產地，我們多半會聯想到熱辣辣的日照及強烈的高溫，但多肉植物的原產地大多位於熱帶地區中標高很高的區域，最高氣溫大約為30℃左右，到了夜晚或早晨，最低氣溫大約為3～18℃，且環境中的空氣很乾燥。

不耐高溫多溼的夏季

大部分的多肉植物都不耐日本夏季高溫潮溼、陽光強烈的天氣，日照太強可能造成葉子曬傷或枯萎。日本的夏天達到超過35℃的酷暑並不稀奇，有時甚至超過40℃，更不用說還有潮溼的問題。在多肉植物的栽培上，對於夏季的應對處理比冬天來得重要。

保護葉子不被陽光曬傷

多肉植物會將水分儲存於葉片和莖部，它們與一般植物不同，可能發生被強烈陽光曬傷的情形（→p.37）。如果將多肉植物的葉子想像成人類的皮膚，應該會比較好理解。

雖然種植多肉植物時，給予充分日照是很重要的事，不過夏季也需要進行遮光，就像人體也需要做好防曬措施。

●基本遮光與各生長類型的對策

雖然葦簾子安裝起來很簡單方便，但可能會擋掉太多陽光。可以調整遮光率的遮光網（可在園藝店或網路上買到）是最好的工具。遮光率50%的遮光網最適合多肉植物。

像是屋簷底下這類地點，白天陽光照射幾小時後便會轉陰，因此除了盛夏時期之外，其他時間不需要遮光。
※如果圖鑑頁「栽培技巧」中有標示「半陰涼處」，就代表需要依照前述方法控管日照的狀態。

> **夏生型**
> 不需要遮光，但要避免盆栽內部高溫潮溼，偶爾需使用電風扇送風。

> **春秋生型、冬生型**
> 使用遮光網等工具控制強烈的日照。為了避免盆內變得高溫潮溼，偶爾需要使用電風扇送風。

夏季日照對策

降雨與溼度對策

梅雨季和連續降雨應調整澆水量

替多肉植物澆水時需要提供大量的水，並且等待土壤內部確實風乾。因此掌握澆水的乾溼節奏是很重要的技巧。

此外，遇到梅雨或連續降雨時，即使將盆栽放在屋簷下，還是很難讓土壤風乾。這種時期就需要改變澆水的方式。平時每週澆一次水的盆栽，可改成2週一次。總而言之，澆水過多是大忌。

冬季防寒對策

重點溫度為5℃與1℃

防寒對策的關鍵在於最低氣溫。最低氣溫低於5℃以下，就得開始執行防寒對策。

請趁最低氣溫未低於5℃前，將夏生型植株移到日照良好的窗邊或室內。

春秋生型和冬生型，請在最低氣溫超過6℃時，將植株放在室外接收上午的日照。移到室內時，不可以馬上放入溫暖的房間。由於突然的溫差變化對多肉植物並不好，建議放在沒有暖氣的玄關等地點。

夏生型移至室內

比較不會吹到暖氣的地方。

偶爾使用電風扇送風。 日照良好的窗邊。

利用不織布防寒

春秋生型和冬生型可以承受的最低氣溫為1℃以上，但建議晚上蓋上不織布。

使用簡易溫室

請注意，冬天還是需要在上午換氣，不然溫度會過高。

安裝溫度計、溼度計。

放入園藝專用電暖器。

請區隔夏生型、春秋生型、冬生型的溫室。

[溫度參考值]

夏生型
日：20℃／夜：6℃

春秋生型、冬生型
日：10℃／夜：1℃

夏生型

[澆水]
趁葉子未脫落前澆水。葉子開始掉落後，減少澆水次數及澆水量；葉子完全掉光後，斷水進入休眠。

[斷水的注意事項]
粗根的多肉可以執行斷水，但細根的多肉如果完全斷水，植株會變得很衰弱，因此需要每個月澆一次水，浸溼土壤表面。

[在室內過冬]
趁最低氣溫未低於5℃之前，將植株移到日照良好的室內窗邊。注意暖氣不能開太強。

春秋生型、冬生型

[關東以西放室外]
由於植株可耐寒，若是種植於日本關東以西的平原地區，冬天時可在戶外栽培。

[溫度管理]
最低氣溫低於1℃、寒流來襲或是降雪等天氣預報發布時，請移到日照良好的窗邊等室內空間。也要注意暖氣不能過強。

[澆水]
澆水次數和澆水量，需根據生長類型和品種差異加以調整。

**Basic knowledge
of
watering
succulents**

澆水的基本觀念

在植株周圍的土壤上加水是基本的澆水方式。葉子上的積水會造成葉片受傷。請分別使用不同的工具，適當地給予水分吧。

澆水的原則是乾溼節奏

多肉植物的澆水方式有兩大原則。第1點是「等待盆土充分風乾後，澆至盆底流出水的程度」，第2點是「在周圍的土壤上面輕輕澆水，避免淋到葉子或莖部」。多肉植物體內含有大量水分，所以不耐潮溼環境。

觀察葉子的變化

雖然澆水時需要遵守基本原則，但觀察葉子狀況更是重要。葉子變色變軟，代表澆水過多；葉子萎縮或變白，表示水分不足。葉片脫落則說明休眠期快來臨了，這時應該減少澆水量。一起仔細觀察葉子所透露的訊息吧。

Point 1	選擇「大清早」澆水

原則上應該在「清晨一大早」澆水。上午或豔陽高掛的時段，盆栽裡的水可能會變熱，尤其是夏天，嚴禁在前述的時段澆水。此外，早上澆完水後，水分可能會在傍晚蒸發；但傍晚澆水，到早上水分幾乎不會蒸發。澆完水後讓植株快速乾燥是栽培多肉植物的重要技巧。

Point 2	等土轉乾、充分加水

土壤的乾燥狀態很難從盆栽外側觀察。有一種更簡單好懂的方法，就是將竹籤插入盆土中。偶爾將竹籤拔起來，檢查竹籤到哪個地方是溼的。另外，請在澆水前後拿看看盆栽，感覺一下重量的變化，下一次拿盆栽時就能夠推斷出乾燥的情況。

水要加到從盆底流出來，即是澆水的基本原則。這麼做可以排出盆栽裡的老舊廢物，並且送入新的空氣。

事先插入竹籤。

拔出來確認溼度。

澆水的方法

細嘴澆花壺

基本做法是在植株周圍的土壤澆水，也可以使用百元商店的水壺。

蓮蓬頭澆花器

為了噴走灰塵或害蟲，偶爾要從上面灑水。

底部澆水（腰水法）

因植株小或葉片大而難澆水時，可改從盆底吸收水分。等表面土壤溼潤後立即移開水盤。

吹球

積在葉子上的水滴會因光的聚集而燙傷葉片，因此要使用吹球將水滴吹開。

 不可以

用噴水瓶澆水，水分是傳不到根部的。只會增加莖葉和植株周邊的溼度，造成反效果（※實生苗另當別論）。

Soil
and
fertilizer
for cactus

土壤與肥料

市售培養土就能作為培育多肉植物的土壤，自行調配也沒問題。
肥料方面，澆水時慢慢溶解的固態型肥料比較方便。

市售「多肉植物專用土」就OK

選擇市售的「多肉植物專用土（培養土）」作為栽培用土壤就行了。培養土會調整排水性、保水性、pH值（弱酸性）及混入的肥料，調配出適合多肉植物的土壤。尤其對於新手來說，與其煩惱該用什麼土，不如確實做好管理工作，注意澆水和日照情況。不知該選擇哪種市售的培養土時，請參考下方的「推薦配方」。

熟悉後也可以自行調配

逐漸熟悉多肉植物栽培方法的人，也可以自己調配土壤。調配時可參考市售產品的配方，並依照自己的栽培環境加以調整。多方嘗試不同的做法也是栽培多肉植物的樂趣之一。

除此之外，定期換盆也是重要的栽培工作。請搭配分株法、重新修整法，更換新的土壤。

主要的栽培用土

育苗土

進行扡插法或葉插法時，根部還很細小虛弱，所以只要種入育苗專用培養土（顆粒細小的培養土）就行了。

赤玉土（小顆粒）

由火山灰土的赤土製成的弱酸性土壤。有分不同顆粒大小，顆粒小的保水性和排水性平衡佳，在維持植物穩定方面也很優秀。

輕石

多孔特性使其具良好的透氣性，排水性和保水性易佳。顏色或性質會根據火山產地而有差異，但一般輕石多介於白到灰色之間。

鹿沼土

開採於栃木縣鹿沼地區的輕石。比赤玉土還輕，顏色偏白。偏酸性，保水性和排水性良好。

蛭石

礦物由高溫燒製而成，用來填補基本用土的改良土。多孔性質可製作保水性（＞排水性）、保肥性佳的用土。

珍珠岩

經過高溫高壓燒製，是用來填補基本用土的改良土。特徵與蛭石類似，重保水性可選蛭石，重排水性選珍珠岩。

沸石

沉積於海底或湖底的火山灰，受高水壓影響產生的礦物。具微米孔洞的多孔性質，是保肥性和透氣佳的改良劑。

推薦配方

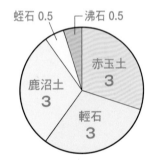

蛭石 0.5　沸石 0.5
鹿沼土 3
蛭石 0.5
赤玉土 3
輕石 3

關於肥料

多肉植物原本就是生存於嚴苛環境的植物，因此肥料用量比一般花草或陽台菜園植物少很多也沒問題。市面上有各種類型的肥料，建議使用固態的緩效性肥料或顆粒狀的化學肥料。

除此之外，肥料的用法並非在一年中隨意施肥，不同生長類型有各自的施肥時機。
※請參照p.26-27「各生長類型管理工作年曆」。

固態的緩效性肥料（左）及顆粒狀的化學肥料（右）。放在土壤上的肥料會在每次澆水時慢慢溶解，逐漸發揮效果。

Convenient tool
for
cultivation

好用的栽培工具

接下來將介紹好用的多肉植物栽培工具。

鏟土器

用來將土放入盆栽。移植子株時會用到小盆栽，因此最好準備有大有小的鏟子。

細嘴澆花壺

準備細嘴澆花壺，可避免淋到葉子或植株。

蓮蓬頭澆花壺
從葉子上方澆水。可拔掉噴嘴的款式更方便。

剪刀

剪刀可用來修剪子株、莖部或老根，是照顧多肉植物不可或缺的工具。準備照片中的3款剪刀會更方便。

美工刀

用於去除子株或根部。普通的美工刀就非常夠用了，因此請準備自己用得順手的美工刀。

標籤

記錄品種名或工作日，並插入盆中。

橡膠手套

照料或移植龍舌蘭之類的尖銳品種時必須戴上手套。請選擇手掌區塊是橡皮製的款式。

吹球

原本是相機專用工具，可用來吹開空氣中的灰塵。照顧多肉植物時，也可以用來噴開積在葉子上的水分。

鑷子

鑷子是很方便的工具。可去除枯萎的葉子或花朵，換盆時可插入土中填補空隙。

挑選盆栽

　不同材質的盆栽，透氣性和方便性也各不相同。素燒盆栽具有良好的通風性，水分相較容易蒸發；而塑膠盆栽輕盈牢固，尺寸選擇也很豐富。盆栽底部的孔洞大小也跟排水性的優劣有關。此外，夏生型塊根植物更喜歡溫暖的環境，選擇能吸熱的黑色盆栽更合適。擬石蓮屬之類的春秋生型品種，適合包含白色盆栽在內的所有盆栽款式。

　澆水的時機或分量，也會根據盆栽的特性而有微妙差異。請一邊觀察土壤和植物的狀態，一邊用心栽培吧。

塑膠製盆栽
輕盈且保水性佳，有各式各樣的尺寸。

陶製盆栽
通風性佳，不容易悶住。

馬口鐵盆栽
輕盈好用，保水性佳。挑選盆底有孔洞的款式。

古董風盆栽
與多肉植物很搭，經常被使用。陶製款通風性較佳。有厚度的款式，保水性也很高。

Calendar for cultivation

各生長類型
管理工作年曆

多肉植物大致分為「春秋生型」、「夏生型」、「冬生型」。
一起學習各類型的照顧技巧，養出頭好壯壯的多肉吧。

不要丟掉盆栽的品名標籤
保留下來吧

購買多肉植物時，請選擇有明確標記個體名稱、屬名等資訊的植株，並且將標籤保留下來。如果上面沒有品名標籤的話，請在購買時確認植株資訊，事先記下來會比較放心。

多肉植物分成三種生長類型（夏生型、春秋生型、冬生型），每種類型的生長旺盛季節、生長緩慢季節、休眠季節各有不同。

管理工作需要配合生長類型來執行，雖然有些品種長得很像，但其實是不同屬，所以確認植株的正確品種名及屬名是很重要的任務。

所謂的生長類型，是將多肉植物在原產地旺盛生長時期的氣溫，套用於居住地區的四季的分類方式。請記住，這並不表示夏生型遇上多熱的天氣都沒關係，冬生型也不一定很耐寒。

春秋生型

代表性的屬

天錦章屬
（錦鈴殿）

擬石蓮屬
（拉威雪蓮）

青鎖龍屬
（紅葉祭）

十二卷屬
（月影）

生長期
春季與秋季。其生長適溫為10～25℃。

澆水
土壤轉乾後充分澆水。夏季生長速度減緩，冬季休眠。盛夏時期需控制水分，冬季建議每個月1次。

環境
原生於夏季高溫相對低的熱帶或亞熱帶高原，因此不耐日本夏季高溫潮溼的環境。需特別注意盛夏時期的管理狀況。

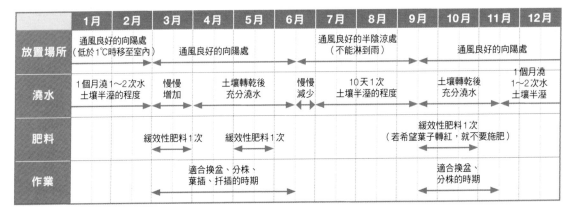

	1月	2月	3月	4月	5月	6月	7月	8月	9月	10月	11月	12月
放置場所	通風良好的向陽處（低於1℃時移至室內）		通風良好的向陽處				通風良好的半陰涼處（不能淋到雨）			通風良好的向陽處		
澆水	1個月澆1～2次水 土壤半溼的程度	慢慢增加		土壤轉乾後充分澆水		慢慢減少	10天1次 土壤半溼的程度			土壤轉乾後充分澆水	1個月澆1～2次水 土壤半溼	
肥料			緩效性肥料1次		緩效性肥料1次				緩效性肥料1次（若希望葉子轉紅，就不要施肥）			
作業			適合換盆、分株、葉插、扦插的時期						適合換盆、分株的時期			

夏生型

代表性的屬

蘆薈屬
（青鱷蘆薈）

龍舌蘭屬
（甲蟹）

棒錘樹屬
（筒蝶青）

仙人掌科
（金洋丸）

生長期
以夏季為主的春季到秋季。
建議栽培氣溫為20～35℃。
冬季休眠。

澆水
生長期時，等土壤轉
乾再充分澆水。

環境
許多品種原生於熱帶乾燥地區，因此在夏季
潮溼時，要使用電風扇調控溼度。趁冬季氣
溫低於5℃前，移至日照充足的室內。

	1月	2月	3月	4月	5月	6月	7月	8月	9月	10月	11月	12月
放置場所	日照良好的室內			慢慢移至戶外	通風良好的向陽處						氣溫低於5℃前移至日照良好的室內	
澆水	斷水			慢慢增加	土壤完全轉乾再充分澆水				慢慢減少		斷水	
肥料					緩效性肥料2個月1次							
作業					適合換盆、分株、扦插的時期							

冬生型

代表性的屬

蓮花掌屬
（清盛錦）

生石花屬
（網狀巴里玉）

肉錐花屬
（螢光玉）

瑕刀玉屬
（Vanzylii）

生長期
涼爽的秋季到春季生長旺盛。夏
季休眠。冬生型的生長模式不同
於普通花草及許多多肉植物。

澆水
秋季到春季，土壤轉乾後充分澆水。雖
然是冬生型，但嚴冬時的生長速度較
慢，因此需要減少澆水量。

環境
最低氣溫低於1℃或降雪時，
將植株移至室內。

	1月	2月	3月	4月	5月	6月	7月	8月	9月	10月	11月	12月
放置場所	日照良好的室內			通風良好的向陽處			通風良好的半陰涼處			通風良好的向陽處	低於1℃時移至日照良好的室內	
澆水	每月澆2次土壤半溼的程度			土壤轉乾後充分澆水		慢慢減少	每月澆2次，輕輕加到表土溼潤的程度		慢慢增加	土壤轉乾後充分澆水		每月2次土壤半溼的程度
肥料			緩效性肥料1次							緩效性肥料1次		
作業									適合換盆、分株、葉插、扦插的時期			

How to grow succulents

扦插、葉插、換盆、分株

長出子株或植株長大時，盆栽空間就會變小，
因此多肉植物的管理工作，需要配合生長狀況才行。

如何順利管理多肉植物

多肉植物原本生長在乾燥地帶等嚴酷環境中，它們會長出子株，葉子脫落後也會長出新芽，展現出不同於其他植物的生長狀態。栽培過程中，莖葉會變長，會長出子株，外觀也會有所變化。如果根部逐漸在盆栽裡纏繞，就必須進行換盆。善加利用子株和葉子，就能輕鬆繁殖多肉植物。

春季和秋季適合進行換盆或扦插繁殖。由於夏季容易滋生細菌，可能造成植株衰弱，請減少換盆或扦插工作。

（根據目的區分管理工作）

子株長出來
→ 扦插、葉插 →p.**29**

莖葉長得搖搖晃晃
→ 扦插 →p.**35**

莖部或枝條變長，愈來愈茂密
→ 扦插、葉插 →p.**30·31**

養出漂亮的肉錐花或生石花
→ 去除脫去的殼 →p.**36**

子株增加，根部阻塞
→ 換盆＆分株 →p.**32·33**

花芽愈來愈長
→ 修整花芽 →p.**36**

匍匐莖愈來愈長
→ 扦插 →p.**34**

管理工作的注意事項 →p.**36**

多肉植物的病蟲害因應對策 →p.**37**

換盆1週後再澆水

換盆或重新修整後，建議「1週後再澆水」，絕對不可以馬上澆水。因為多肉植物是在嚴苛的自然環境下演化的植物，根部必須先靠自己的力量在新土壤中生長。即使換盆後植株看起來沒什麼精神，葉子也會慢慢地長出尖刺，根部則會適應新的土壤。因此請在1週後進行第一次澆水。

case 1

子株長出來

多肉植物中有許多會長出子株的品種，例如擬石蓮屬、長生草屬、龍舌蘭屬、十二卷屬等。子株長出來後，修整植株的形狀，扦插繁殖切下來的子株。

花麗
（擬石蓮屬 p.55）

長出2個子株，花芽長得好長。

扦插法❶　分開種植子株

1 從很靠近表土的地方將子株的莖剪下來。

2 插入土中的莖要超過1公分。

3 拉開葉子，想像植株重新栽種後的樣子。

4 去除預設範圍以外的葉子，修整形狀。

5 修飾形狀，去除下方的葉片。

6 保留2～3公分的莖部，剪掉花芽。

7 插在籃子裡，讓切口乾燥。

8 【1個月後】已發根。拔出乾燥後的花莖。

9 種入乾燥的培養土。1週後第一次澆水。

10 【2個月後】確實扎根，順利生長中。

葉插法❶

　將扦插法步驟4、5取下的葉子排在土壤上。靜置於通風好的半陰涼處，直到發根為止都不澆水。栽培訣竅在於從莖部取下葉子時，不用剪刀修剪，而是用手拔起。葉子不用埋，放在盆土上就好。

修整子株時取下的葉子。

擺在土壤上，插入寫有日期和品種的標籤。

瑪格麗特
（Graptoveria屬 p.72）

長出多個子株時

根據子株生長的位置和數量，決定放入剪刀的角度，小心不要刺傷植株。剪掉子株後，依照上方扦插法步驟4以後的做法處理。詳細步驟請參照p.72。

1 有些子株的莖很短，或是幾乎沒有莖部。

2 剪掉莖短的子株時，需保留幾片葉子。

3 剪下從母株身上長出來的子株。

莖部或枝條變長，愈來愈茂密

莖部枝條分開生長的類型，葉片繁茂重疊的部分很難接收陽光。這時請重新修整形狀，思考該如何讓每根枝條都能照到陽光，決定修剪的角度。

姬朧月
（Graptosedum p.73）

莖幹分枝生長，呈現群生狀態。

春秋生型

葉片轉紅時，呈現更深的青銅色。

扦插法❷　修剪並栽培變長的莖葉

1 保留幾片葉子，剪下莖幹。

2 剪掉徒長的部分。

3 想像重新種植後的形狀，去除不需要的葉片。

4 取下葉子，讓莖部露出大約1公分。

5 插在籃子上，讓切口乾燥。

6 根部長出來後，種入乾燥的培養土中。

7 【2個月後】確實扎根，順利生長中。

葉插法❷

　莖幹直立的品種之中，有適合葉插法和不適合葉插法的品種。雖然照片中的姬朧月可以葉插繁殖，但生長機率是一半一半，請相信植株發根的可能性，試看看葉插法吧。將上方步驟4取下的葉片擺在土上，放在通風良好的半陰涼處，直到發芽為止都不要澆水。

1 整理扦插苗時取下的葉片。

2 將葉子擺好，插入寫有日期和品種的標籤。

適合扦插法的品種

　蓮花掌屬（p.40）、青鎖龍屬（p.66）、佛甲草屬（p.78）、厚葉草屬（p.85）等，適合扦插法的品種主要為景天科。右邊範例植物各自的頁面中，會講解扦插法的步驟等技巧。

泰迪熊
（伽藍菜屬 p.63）
一邊輕拉一邊轉動，將葉片取下來。

小米星
（青鎖龍屬 p.70）
從許多枝條聚集處的下方放入剪刀。

熊童子
（銀波錦屬 p.77）
修剪時，要讓每根變長的枝條都能照光。

嬰兒手指
（厚葉草屬 p.84）
修剪扦插苗時，在莖幹上保留一點葉子。

銀月
（黃菀屬 p.144）

銀月發根所需時間較長，
請耐心等候。

↓

【5個月後】

確實扎根，順利生長中。

扦插法❸　切掉莖葉，繁殖植株

1　想一想植株插進
　土裡時的形狀，
　剪掉莖葉。

2　剪下這些變長的
　莖葉。

3　拔掉葉子，露出
　約1公分的莖。

4　拔掉葉子後的扦
　插苗。

5　插入籃子，讓切
　口乾燥。

6　扦插苗沾取發根
　粉，加速發根。

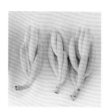

7　【2個月後】
　還沒長出根。

8　【3個月後】
　其中一株扦插苗
　長出根了。

9　【4個月後】
　終於發根了。

10　用鑷子種植更方便。請在1週
　　以後進行第一次澆水。

栽種葉插後長出的子株

　　葉插繁殖的葉子長出子株後，將植株種入土
中。根部發根處要埋進土裡，建議等母株枯萎後
再澆水。適合葉插法的品種有擬石蓮屬（p.44）、
風車草屬（p.74）、佛甲草屬（p.78）、厚葉草屬
（p.85）等。以棒錘樹屬為代表的塊根植物類型則
不適合葉插法。

黃麗錦
（佛甲草屬）

克拉夫
（青鎖龍屬）

加速發根的藥劑

　　日本的園藝產品「盧頓（ルートン）」，是一種
加速扦插木、扦插苗、種子、球根等植株發根的
植物賀爾蒙劑。發根粉除了用於多肉植物之外，
也可以用於一般的開花植物、樹木，或是鬱金
香、風信子、唐菖蒲等球根類植物。可以在園藝
店、五金行、網路商店購買。

　　使用藥劑之前，請先仔細閱讀注意事項，不能
施用於食用作物，使用時也請小心不要碰到眼睛。

用一點水溶解發根粉，
沾在欲發根的部位上。

盧頓（販售廠商：石原バイ
オサイエンス株式会社）。

case
3

子株增加，根部阻塞

如果母株周圍長出數棵子株，且根部從盆底露出來的話，需要一邊換盆一邊分株，並且重新修整。建議每年換盆1次。在根部塞滿盆栽前進行換盆吧。

亂雪×甲蟹
（龍舌蘭屬 p.130）

盆栽上方長出很多子株，根部阻塞。

↓

【1個月後】

在盆栽中放入乾燥的培養土，將母株和子株分別種入盆栽。

夏生型

甲蟹的命名源自於它的尖刺。

換盆&分株❶（以龍舌蘭屬為例）

1　用力壓盆栽側邊，鬆開土壤。

2　慢慢挪開植株，從盆栽中拉出來。

3　用手指鬆一鬆土壤，讓土脫落。

4　偏紅的根或雜亂的細根都是變老的根。

5　握住子株的根部底端，慢慢搖晃並分開子株。

6　慢慢地撥開，小心別讓纏住的根部脫離子株。

7　取下母株上的老葉。殘留的老葉會造成植株腐敗，需要仔細清除。

8　保留白色的粗根，去除紅色的根和細細的老根。

9　整理好根部的母株和子株。

其他品種的換盆與分株法

這裡沒有介紹到的其他品種，也可以進行換盆或分株。右邊範例植物各自的頁面中都有講解注意事項，歡迎參考。

瑪琳
（長生草屬 p.86）
老根很細，需要仔細處理。

勞氏蘆薈·白狐
（蘆薈屬 p.92）
用剪刀去除葉子前端枯萎的部分。

白星臥牛
（鯊魚掌屬 p.94）
同時握住母株和子株的根部底端，比較容易取下來。

皮克大
（十二卷屬 p.103）

子株會長大，母株的葉片也會枯萎。長出7片子株葉片後會更容易栽培。

↓

【換盆後】

母株和子株完成換盆！

青鳥壽
（十二卷屬）

長出許多子株，根系圍繞整個盆栽。關於換盆與分株的方法，請參照p.104。

換盆&分株❷（十二卷屬）

1 敲一敲手腕，使盆栽震動，鬆動裡面的土。

2 再抓住盆栽的側邊鬆一鬆土壤。

3 輕輕拿著母株從盆栽中拉出來。

4 拿著植株，敲一敲手腕，讓土脫落。

5 去除老根。注意不要硬拔。

6 老根很快就拔下來了。新長的白根要留下來。

7 接著修整乾淨的母株。

8 以手指將枯葉拉下來。

9 用鑷子等工具去除老根。

10 整理完老根和葉子後，子株就能自然分離。

11 分株後，去除老葉和老根。

12 左到右為輕石、培養土、化妝石（小粒輕石）。

13 加入輕石，加到直到看不見盆底為止。

14 倒入培養土。

15 想一想植株的栽種位置，加更多的土。

16 使用鑷子插入土中，確實將空隙填滿。

17 土壤整齊地填入盆栽。

18 加入化妝石，直到看不到下面的培養土為止。

19 化妝石可防止土壤飛濺或弄髒葉子，避免盆土變少。

case **4**

匍匐莖愈來愈長

多肉植物當中，有一種長出細細的莖、冒出新芽的類型，稱為「匍匐莖」。原產地的多肉植物，長長的匍匐莖前端會長出新芽，新芽接觸地面扎根繁殖。但用盆栽培育的話，就必須切掉匍匐莖再種植。

子持蓮華
（瓦松屬 p.77）

長出多條匍匐莖，枯葉會讓植株變虛弱。

【種植後】

栽種好匍匐莖之後。1週後第一次澆水。

蔓蓮
（風車草屬 p.74）
的匍匐莖

1

剪下的匍匐莖。

2

將細細的匍匐莖朝盆栽內側種植，就能長出好看的形狀。

扦插法❹　種植剪下來的匍匐莖

1 在長出匍匐莖的母株葉片下方，保留約1公分的莖，並且剪下來。

2 修剪匍匐莖，將母株的形狀修整齊。

3 將剪下的匍匐莖去除枯葉，在半陰涼處放置3天左右，讓切口風乾。

4 在乾燥的土壤中種入匍匐莖。使用鑷子更方便。

摘取繁殖生長點　（蓮花掌屬 p.40）

1

蓮花掌屬多肉中的某些品種，摘下生長點就能長出新芽。照片中的植物為翡翠冰法師（p.41）。

2

正中央的部分就是生長點。連同上面的葉子整個摘下來。

3

放在半陰涼處，依照平常的方式照料。

4

3個月後，摘除生長點的部位會長出多個子株。摘下子株就能以扦插方式繁殖。

case 5

莖葉長得搖搖晃晃

莖部又細又長，搖搖晃晃地延伸，呈現「徒長」狀態。徒長會讓植株衰弱，對害病蟲、酷熱或寒冷環境的抵抗力下降。徒長苗是無法恢復原狀的，請重新修剪吧。

乙女心
（佛甲草屬 p.81）

莖部搖搖晃晃地生長。

扦插法❺　讓徒長枝再生，並重新修剪

1　莖部剪到方便插入土裡的長度。去除木質化莖幹表面綠色。

2　裁剪莖部。將原本的母株放在日照充足的地方，就會長出新芽。

3　想像一下重新修剪後的樣子，手指輕輕拉開。

4　拔除葉片時，邊繞圈邊往下拉，避免莖部的皮剝落，方便摘除。

 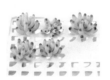  

5　整理過葉子的莖部。

6　插入籃子中，讓切口乾燥。

7　【1個月後】長出根了。

8　種入乾燥的培養土中。1週後第一次澆水。

豔日傘
（蓮花掌屬 p.40）

莖部變長時，重新扦插種植就行了。

扦插法❻　修剪種植變長的莖葉

1　保留一定長度並剪掉枝條。年輕的莖幹較容易長出根，但是母株的枝條也可能發芽，建議保留。

2　修剪後。母株的切口是綠色的，這點很重要。

3　插入籃子，讓切口乾燥。

4　【1個月後】長出根了。

5　種入乾燥的培養土中。

6　1週後第一次澆水。

避免徒長的培育方式

　　多肉植物的原產地幾乎都是無法遮擋日光的廣闊大地。它們通常曝曬於陽光下，生存於風吹環境之中。若要在氣候環境不同的地區栽培，儘量打造接近原產地的環境條件是很重要的。正如「放置地點的基本觀念」（p.20）所述，在不淋雨、通風良好的戶外場所給予充分的陽光，是避免徒長並健康長大的關鍵。請注意四季的澆水與溫度管理情形，一邊檢查莖葉的狀態，一邊進行栽培。

case
6

養出漂亮的肉錐花或生石花

肉錐花屬或生石花屬多肉植物，長出新葉後，老葉就會枯萎，重複進行脫皮般的生長循環。植株周圍若殘留老葉會造成植株受傷，因此需要在適當時機去除老葉。

稚兒櫻
（肉錐花屬 p.120）

長出新芽，老葉枯萎。

冬生型

形狀類似分趾鞋。會開出鮮豔的粉色花朵。

去除脫去的殼

1 小心不要傷到葉片，用小鑷子去除枯萎的部分。

2 如果有枯萎的花芽，也要除掉。

3 從上面快速拉出就能輕鬆摘取花芽。

4 完成脫殼的整理工作。

修整花芽

　　紅色、粉色、白色、橘色、黃色、斑點等，多肉植物會開出多種美麗的花朵，開花方式也很特別，外型豐富多樣。賞完花之後，請趁花朵逐漸枯萎時儘速修剪花莖。

　　此外，長著多條粗花莖且會開花的多花性品種中，有些品種一旦全部開花，母株本體就會變得很虛弱。想要加快母株生長的話，請不要讓植株開花，趁還是花蕾時加以切除就行了。

1

寶草
（十二卷屬 p.99）

2

開花後修剪莖，留下幾公分。

3

留下的莖幹過一段時間後會枯萎。

4

輕拉就能脫落的狀態，就是拔除花莖的時機。

管理工作的注意事項

時期

　　最好在進入生長期前換盆。適合換盆的時期是春季和秋季。由於換盆時也會清掃根部，所以生長期不要除根比較好。遇到不得不在生長期換盆的情況時，請小心不要破壞根部。

澆水

　　切除後的扦插苗、子株和葉子，直到發根前都不要澆水。發根後種入培養土，後續也需要控制澆水量一段時間。種植後經過1週再開始澆水。

工具消毒

　　執行管理工作的前後，替剪刀或小鑷子等用具消毒一下吧。剪刀的消毒尤其重要。為防止雜菌透過切口感染植株，不僅作業前後需要消毒，每次更換品種時也一定要消毒。酒精消毒是最簡單的做法。

照片是用未消毒的剪刀修剪植株的範例。雜菌感染植株，造成莖幹受傷，葉子變皺。

管理場所

　　完成扦插、葉插繁殖後，確實讓切口風乾是很重要的步驟。請放在通風良好的半陰涼處。

先晾乾切口吧。

Measures against pests and diseases

多肉植物的病蟲害因應對策

為了遠離病蟲害，針對每一種生長類型給予適當的照料是很重要的。照顧植株時請仔細觀察，及早發現異樣。

預防及早期發現很重要

預防並及早發現病蟲害是很重要的工作。適度的日照、良好的通風管理是基本條件，但也要注意日照不能太強，不能過度澆水。

此外，為避免病毒在處理過程中透過剪刀感染植株，別忘了在作業前後以酒精消毒。

常見害蟲

介殼蟲

吸汁害蟲。體長數毫米，有白色棉花狀、蠟狀等類型。發現時，請用軟軟的刷子刮下來，或是噴灑能夠防治介殼蟲的藥劑。

照片為吹綿介殼蟲。

蛞蝓

蛞蝓會躲在盆栽底下，在夜間啃食植株。用鹽巴驅除蛞蝓會傷到植物，不能這麼做。使用專用除蟲劑便可有效驅除蛞蝓。

蚜蟲

吸汁害蟲。繁殖力相當旺盛，發現後要趁牠們開始繁殖前驅除。市售的殺蟲劑很有效，也可以使用稀釋一半的消毒用酒精。

葉蟎

吸汁害蟲。出沒於春天氣溫變暖的時候。雖然用力潑水也可以驅除葉蟎，但可防治葉蟎的藥劑效果更好。

栽培管理問題

曬傷、葉子灼傷

植株長時間受到強烈的陽光直射，或是突然從溫室或室內移到戶外時，可能造成植物曬傷。一旦症狀嚴重，可能會留下傷痕或造成腐敗。日照強烈的季節可使用遮光網來緩和日照，或是趁天氣晴朗時移到陰涼處。從室內移至戶外，循序漸進地讓植株適應環境可是十分重要。

根部腐壞

因根系擠滿盆栽造成根部阻塞，或是澆太多水而導致盆內長時間處於潮溼，腐敗的根部會由莖幹蔓延至葉片。發現腐敗情形時，應該完全根除腐壞的部分，風乾切口和根部，並且等待發根。長出根之後，將植株種入新的乾燥土壤。

藥劑範例

貝尼卡溫和噴霧

（住友化學園藝）

適用於蚜蟲、葉蟎、粉蝨等蟲類。由食品成分製成的藥劑，因此可輕易使用。

奧多朗DX顆粒劑

（住友化學園藝）

適用於蚜蟲、柑桔粉介殼蟲、豔金龜等蟲類。還能同時去除土壤中的害蟲。

阿爾巴林

（Agro Kanesho）

適用於大範圍的粉蝨類、潛蠅類、纓翅類等害蟲。不含鹵素的類尼古丁殺蟲劑。

常見疾病

煙煤病

植物的葉子或莖部覆蓋著煙煤般的黑色黴菌。一開始只是黑色的斑點，之後會擴散至整面莖葉，進而妨礙植株行光合作用並抑制生長。

黴菌的生成原因大多是因為腐生菌，牠們很喜歡蚜蟲或介殼蟲分泌的排泄物。黴菌本身不會從植物中生成，而是因害蟲的排泄物而引發的疾病。

為預防煙煤病，發現害蟲後應該立即進行除蟲。將植株放在日照充足且通風良好的環境，當葉子或枝條愈來愈茂盛時，重新修整或換盆便可預防煙煤病。

軟腐病

由細菌進入植物莖部或根部等部位的傷口而引起。假如細菌從害蟲咬過的葉子侵入繁殖，會造成植株腐敗枯萎，產生臭味。剪刀碰過帶有細菌的植株後，若是繼續用來處理其他植株的話，疾病會擴大感染。

以下為預防軟腐病的4大重點：①發現後馬上去除染病的部分，②剪刀、刀子、鑷子應保持整潔，③通風日照良好，打造細菌難以繁殖的環境，④在晴天進行重新修剪等工作。

Part

3

人氣多肉植物圖鑑

分布於世界各地的多肉植物大約有60～70科，
若加上園藝品種和變種，目前包含超過2萬種多肉植物。
如今品種改良持續進步，新品種如雨後春筍般誕生。
本章將為你介紹嚴選的712種多肉植物品種。
不僅有經典品種、高人氣品種，也收錄了稀有品種，
並彙整出每種多肉植物的生長類型及栽培技巧。

Aeonium

蓮花掌屬

景天科

原產地：加那利群島、北非部分地區／栽培難易度：★★☆／冬生型（部分為春秋生型）／
澆水：春秋冬季，土壤風乾後充分澆水。嚴冬時期減少水分。夏季每個月澆水數次，少量給水。

[特徵]	[栽培技巧]
在雨量少的地區進化成耐乾旱品種。特徵是莖部前端長有花一般的蓮座狀葉片，枝幹直立向上生長。具背各式各樣的葉色，例如淺綠色、紅色、黑紫色，淡黃色斑點等。	不耐夏季高溫及日照，葉片可能會因陽光的強烈照射而曬傷，夏季應置於屋簷或樹蔭下等通風良好的半陰涼處。冬季氣溫低於1℃時，移至日照良好的室內。

豔日傘

Aeonium arboreum 'Luteovariegatum'

冬生型
10 cm

具有美麗的淡黃色覆輪斑，是最受歡迎的法師系（Arboreum）品種。中型植株，大約會長到50公分。

紫羊絨

Aeonium arboretum 'Velour'

冬生型
13 cm

黑法師與香爐盤的交配種。與黑法師的不同之處在於葉子前端呈圓弧狀。日本關東以西的地區可栽培在不會吹到北風的戶外。

黑法師

Aeonium arboretum 'Zwartkop'

冬生型
12 cm

有光澤的紫黑色葉片真是魅力十足。不耐嚴冬低溫，氣溫低於1℃時移至日照良好的室內。

巧克力豆

Aeonium 'Chocolate Tip'

冬生型
12 cm

葉子呈現小小又可愛的蓮座狀。進入嚴冬時期，葉片會浮現巧克力豆般的圓點。

銅壺法師
Aeonium 'Copper Kettle'

冬生型

7 cm

葉色正如其英文名「銅製茶壺」。耐寒性佳,日本關東以西地區,可栽培在不會吹到北風的戶外。

清盛錦
Aeonium decorum f. *variegata*

冬生型

11 cm

美麗的葉色會根據季節而產生變化。新芽呈現淡黃色,葉緣會在生長期變紅。不耐寒,冬季應移至室內。

愛染錦
Aeonium domesticum f. *variegata*

冬生型

11 cm

在斑紋較多的蓮花掌屬多肉中,屬於人氣很旺的品種。夏季置於半陰涼處,防止葉片曬傷。

翡翠冰法師
Aeonium 'Emerald Ice'

冬生型

8 cm

葉片呈黃綠色,邊緣帶有淡白色的斑紋,整齊的蓮花座形狀相當漂亮。葉片不太會轉紅。

小人祭
Aeonium sedifolium

冬生型

8 cm

學名具有「佛甲草般的葉子」的意涵。膨厚的葉子會群生。夏季休眠期也需在土壤風乾後澆水。

姬明鏡
Aeonium tabuliforme var. *minima*

冬生型

12 cm

不耐潮溼環境,比照顧其他多肉植物時更需要注意環境通風是否良好。每個月澆水1~2次,加到土壤表面變溼的程度。

Adromischus

天錦章屬

景天科

原產地：南非、納米比亞等地／栽培難易度：★★☆／春秋生型／
澆水：原則上待土壤風乾再充分澆水。夏季斷水。冬季控制澆水量。

[特徵]

天錦章多肉的魅力在於膨厚飽滿的葉片，以及有個性的斑紋和形狀。有許多高度約10公分的小型種，生長速度緩慢。葉子紋路和色調會根據生長環境變化。葉片好摘取，插入土中易於發根。

[栽培技巧]

原生於乾燥的沙漠地帶，一整年都生長在乾燥環境。夏季休眠期必須特別注意避免陽光直射，並且進行斷水。天錦章不耐寒，冬季氣溫低於5℃時，應移至日照充足的室內。

寶祿絲
Adromischus bolusii

> 春秋生型
> 8cm

葉肉很厚且帶有斑紋，葉片會在轉紅時期變成大紅色。屬於生長緩慢的類型。

錦鈴殿
Adromischus cooperi

> 春秋生型
> 8cm

特徵是膨厚的葉片、波浪狀的葉片前端及斑點。達摩錦鈴殿是原種的小型種，具有圓形的葉片。

天章（別名：永樂）
Adromischus cristatus

> 春秋生型　8cm

沒有斑點，特徵為葉片前端呈現波浪狀。莖部會在生長時長出細氣根。

神想曲
Adromischus cristatus var. *clavifolius*

> 春秋生型　8cm

葉子前端長得像飯勺。生長後的毛茸茸莖幹會直直地立起。

鼓槌天章
Adromischus cristatus 'Indian clubs'

> 春秋生型　8cm

形狀類似古代的運動用品——印度棒鈴。不耐夏季高溫潮溼的環境。

赤水玉
Adromischus filicaulis

春秋生型
8 cm

淡綠色的葉片上長有不規則的紫紅色斑點。夏季置於半陰涼處遮光，春秋季則需要充分日照。

松蟲
Adromischus hemisphaericus

春秋生型
8 cm

長滿許多橢圓形的葉子，葉片前端有點尖尖的。葉片容易脫落且經常發根生長。

布萊恩·馬金
Adromischus marianiae 'BRYAN MAKIN'

春秋生型
8 cm

綠葉上有褐色的斑點，很符合天錦章屬的形象。葉子很小，莖幹直立生長。

紅多利安
Adromischus marianiae var. *herrei* 'Red Dorian'

春秋生型
10 cm

結實的紅褐色葉子令人印象深刻。生長速度較緩慢。盛夏與嚴冬期需要斷水。

梅花鹿水泡
Adromischus marianiae var. *antidorcatum*

春秋生型
8 cm

豐滿的葉子長著獨特的紅褐色斑紋，很有錦天章的風格。

花葉扁
Adromischus trigynus

春秋生型
8 cm

寬寬的淡綠色葉子上，長著錦天章多肉特有的褐色斑點。葉片很容易脫落，換盆時應多加小心。

Echeveria

擬石蓮屬

景天科

原產地：墨西哥、中美洲高地／栽培難易度：★★★／春秋生型／
澆水：植株中心積水會傷到葉片，需使用吹球（p.25）吹散。冬季氣溫低於0℃時斷水。

[特徵]	[栽培技巧]
特徵是葉片如玫瑰花般呈整齊的蓮座狀。有些品種的葉緣顏色不同，葉色和形狀多樣又美麗，是很受歡迎的品種。許多品種的葉片會在晚秋到春季變紅。從原種到交配種，種類非常豐富。	原產地的平均最高氣溫為25℃，因此擬石蓮屬不耐日本高溫潮溼的夏季。雖然日照也很重要，但是夏季需移到半陰涼處，或是使用遮光板、電風扇等器材，儘量打造涼爽的環境。

古紫
Echeveria affinis

春秋生型
8 cm

別緻的暗紫紅色葉片很受歡迎。由於不耐夏季紫外線，需放在半陰涼處管理。會開出深紅色的美麗花朵。

東雲 × 花麗
Echeveria agavoides × pulidonis

春秋生型
12 cm

厚厚的葉肉呈現飯勺的形狀，葉子前端周圍有紅色邊線。此品種是東雲和花麗的交配種。

烏木墨 × 墨西哥巨人
Echeveria agavoides 'Ebony' × 'Mexican Giant'

春秋生型
10 cm

東雲的變種烏木墨與墨西哥巨人的交配種。葉子前端的爪子很銳利。

阿爾巴美人
Echeveria 'Alba Beauty'

春秋生型
8 cm

綠色中帶點淡淡的藍色調，圓弧形的葉片散發高貴氣質。韓國培育出的高人氣品種。

月亮仙子
Echeveria 'Alfred'

`春秋生型` | `8 cm`

粉色爪子搭配具有透明感的葉肉。交配父母本為花麗（p.55）與厚葉月影。

阿格萊拉
Echeveria 'Allegra'

`春秋生型` | `8 cm`

葉緣朝向內側，形成直立式的蓮座形狀，散發著凜然的氣質。需注意潮溼環境。

雨燕座
Echeveria 'Apus'

`春秋生型` | `10 cm`

很像花麗（p.55）與琳賽的交配種，葉緣呈紅色。又稱天燕座。

愛麗兒
Echeveria 'Ariel'

`春秋生型` | `8 cm`

特徵是葉片的圓弧感，以及帶點粉色的淡綠色。葉子轉紅後，整體會變成粉紅色。

秋焰
Echeveria 'Autumn Flame'

`春秋生型` | `15 cm`

葉子由底部的綠色變成酒紅色，漸層效果是其一大魅力。葉片呈波浪狀。

奶油酪梨
Echeveria 'Avokado Cream'

`春秋生型` | `8 cm`

葉肉膨厚，彷彿擦了粉色腮紅般的葉子十分可愛，是很受歡迎的品種。

邦比諾
Echeveria 'Bambino'

`春秋生型`
`15 cm`

父母本之一為拉威雪蓮（p.52）。葉子繼承拉威雪蓮的白粉特徵，搭配橘色花朵真是美麗。

狂野男爵
Echeveria 'Baron Bold'

`春秋生型` | `11 cm`

葉子上長瘤的類型。轉紅的葉子、深綠色葉子和瘤狀物互相交融，散發出神奇的魅力。

苯巴蒂斯
Echeveria 'Ben Badis'

`春秋生型` | `8 cm`

葉子前端的爪子及背面斑紋中帶點紅色的模樣真是美麗。大量繁殖成群生植株。

美尼王妃晃
Echeveria 'Bini-ouhikou'

春秋生型　8cm

特徵是紅色的爪子以及帶有光澤的葉子。由於沒有莖幹，需在周圍的土上澆水，以防植株悶壞。

藍雲
Echeveria 'Blue Cloud'

春秋生型　10cm

布滿淺藍、白色粉末的葉片散發高貴的氣息。澆水需澆在周圍土壤上，避免淋到葉子。

藍色獵戶座
Echeveria 'Blue Orion'

春秋生型　8cm

帶藍的葉色搭配葉緣與爪子的鮮豔紅色，形成美麗的強烈對比，是人氣品種之一。

藍天
Echeveria 'Blue Sky'

春秋生型　8cm

蓮座狀的葉片彷彿正仰望天空，散發著清爽的氣息。紅色葉緣是很帥氣的系列之一。

藍色雷電
Echeveria 'Blue Thunder'

春秋生型　10cm

滿是白粉的葉子呈現蓮座狀，看起來很有魄力，是墨西哥巨人交配種特有的外型。

布朗玫瑰
Echeveria 'Brown Rose'

春秋生型　8cm

厚厚的葉肉受到細毛的保護。因為沒有莖幹，需在周圍的土上澆水，以防植株悶壞。

加勒比遊輪
Echeveria 'Caribbean Cruise'

春秋生型　8cm

葉緣呈紅色的類型。如果葉子上有殘留的水滴，需使用吹球吹開。

櫻桃女王
Echeveria 'Cherry Queen'

春秋生型　10cm

葉片呈現帶點粉色的細緻色調。在周圍土壤上澆水，避免白粉掉落。

赤色風暴
Echeveria 'Crimson Tide'

春秋生型　14cm

具有荷葉邊般的波浪形大葉片。屬於葉子會轉紅的品種，請參考p.53的管理方式。

聖誕冬雲
Echeveria 'Christmas Eve'

春秋生型 8 cm

綠色葉片的邊緣帶有紅色，呈現聖誕節的配色。可以作為混栽中的亮點。

油彩蓮
Echeveria 'Chroma'

春秋生型 8 cm

葉片呈現小型蓮座狀，屬於枝幹直立的類型。葉片上有尖刺且很硬，會根據季節變化而產生斑紋。

克拉拉
Echeveria 'Clara'

春秋生型 8 cm

膨滿的嫩草色葉片整齊排列。葉片會在轉紅時變成淡紫紅色。

雲朵
Echeveria 'Cloud'

春秋生型 8 cm

葉緣往後折的品種之一。覆蓋著白粉的奶油綠色葉子是很受歡迎的顏色。

雲朵（石化）
Echeveria 'Cloud' f. *monstrosa*

春秋生型 8 cm

盆栽右側的植株出現石化現象。

水晶之地
Echeveria 'Crystal Land'

春秋生型 10 cm

威風凜凜的模樣遺傳自哪個品種呢？其父母本為水晶與墨西哥巨人。

Column

石化（monstrosa）與綴化（cristata）

【石化】
擬石蓮屬「雲朵」。出現生長點反覆分生的現象。

【綴化】
大戟屬「春峰」。龍骨木白化品種（p.111）才是正常的模樣。

　　植物中有一種現象叫作「帶狀化」（日本的稱法）。這是一種植物的畸形變異現象，由於生長點的組織發生某種突變，以不規則的形式反覆分裂或增生，進而變化成與正常狀態大不相同的奇特形狀。舉個生活中的例子，在日本偶爾會看到異常生長的蒲公英「巨型蒲公英」。

　　在日本，容易發生帶狀化現象的多肉植物一般稱為「SEKKA（セッカ）」。帶狀化多肉植物有「石化」和「綴化」兩種現象，「石化」是指植株不斷分生，可能會形成蓮座的形狀；植株不只一個生長點，大多呈帶狀生長的情況則稱為「綴化」。「石化」的學名是monstrosa，「綴化」則是cristata。

立方霜
Echeveria 'Cubic Frost'

春秋生型　　10cm

葉肉很豐滿，屬於葉片反折的類型。下方葉子容易枯萎，需在葉子發霉前去除。

立方霜（綴化）
Echeveria 'Cubic Frost' f. *cristata*

春秋生型　　10cm

發生綴化現象，變形成不知從何處開始分裂增生的獨特外型。

爪系
Echeveria cuspidata

春秋生型　　8cm

具有多花性。所有爪系品種開花後都會變虛弱。需在花苞時期去除一些花芽。

粉紅爪
Echeveria cuspidata var. 'Pink Zaragosa'

春秋生型　　10cm

葉片由奶油般的綠色變成前端的粉紅色，呈現惹人憐愛的漸層效果。

綠爪 hyb
Echeveria cuspidata var. *zaragozae* hyb.

春秋生型　　8cm

筆直生長的細爪帶有一點紅色。會開出很有擬石蓮風格的可愛橘花。

黛比
Echeveria 'Debbi'

春秋生型　　8cm

這種葉色容易引來介殼蟲，需多加注意。葉片會在冬季變成深粉色。

靜夜
Echeveria derenbergii

春秋生型　　8cm

葉色高雅，葉片呈現整齊的蓮座狀。小型擬石蓮屬多肉的代表品種，是許多交配種的父母本，因此相當有名。

德蘭席娜
Echeveria 'Derenceana'

春秋生型　　10cm

散發著高貴的氣質，與姐妹品種「蘿拉」十分相像，源自同一父母本交配而成。

玫瑰蓮
Echeveria 'Derosa'

春秋生型　　8cm

帶有光澤的葉片是它的一大特徵。屬於無莖群生類型，需注意避免植株悶壞。

迪克粉紅
Echeveria 'Dick's Pink'

春秋生型　11 cm

葉片不向側邊展開，而是垂直長成大大的荷葉邊狀。充分接收日照可讓形狀長得更好。

多多
Echeveria 'Dondo'

春秋生型　10 cm

肥肥的葉子背面有白色的細毛。由於葉片會密集生長，需以細嘴澆花壺澆水。

紅塵玫瑰
Echeveria 'Dusty Rose'

春秋生型　8 cm

葉片一到冬天就會變成紫色，正如其名逐漸黯淡（dusy）。夏季會變回黯淡的綠色。

月影
Echeveria elegans

春秋生型　10 cm

半透明的葉緣呈現晶瑩剔透的美感。月影是許多交配種的父母本。

星影
Echeveria elegans potosina

春秋生型　8 cm

在分類上與月影屬於同種。月影有很多種變化，星影是其中一種。

藍月影
Echeveria 'Elegans Blue'

春秋生型
11 cm

莖幹往上高高生長。容易發生徒長，需要在充足的日照之下栽培。

雪特
Echeveria 'Exotic'

春秋生型　8 cm

交配種。同時擁有拉威雪蓮（p.52）與特葉玉蝶的特徵，呈現葉緣反折的模樣。

法比奧拉
Echeveria 'Fabiola'

春秋生型　10 cm

整齊堅實的蓮花座。植株健壯且易栽培。是大和錦與靜夜（p.48）的交配種。

寒鳥巢
Echeveria fasciculata

春秋生型　11 cm

冬季到春季期間，葉片會變成美麗的紅色。在擬石蓮屬多肉中屬於大型品種，大約會長到50公分。

菲歐娜
Echeveria 'Fiona'

春秋生型　12cm

布滿白粉的紅褐色葉片，成串的花朵
真是可愛。澆水需加在土壤周圍。

火唇
Echeveria 'Fire Lips'

春秋生型　8cm

冬季到春季期間，葉子前端會變成正
紅色。混栽也十分漂亮。不耐夏季高
溫。

火柱
Echeveria 'Fire Pillar'

春秋生型　8cm

圓弧狀的葉片會在冬季到春季期間轉
紅。葉片轉紅的關鍵在於秋季的日照
與肥料。

白芙蓉
Echeveria 'Fleur Blanc'

春秋生型　8cm

葉片是有透明感的綠色。爪子到了冬
季會變成粉紅色，看起來更加可愛。

大藍
Echeveria 'Giant Blue'

春秋生型　12cm

天氣變冷後，葉緣的粉色會變得更加
明顯。是優雅華麗的波浪形擬石蓮屬
人氣品種。

大藍（綴化）
Echeveria 'Giant Blue' f. *cristata*

春秋生型　12cm

融合綴化和石化現象的獨特植株。發
生了美麗的綴化現象。

Gilva銀薔薇
Echeveria 'Gilva-no-bara'

春秋生型　8cm

正紅色的銳利爪子令人印象深刻。屬
於小型品種，可在混栽中作為強調亮
點突出。

戈登石窟
Echeveria 'Gorgon's Grotto'

春秋生型
14cm

直立型莖幹，葉
子前端是紅色，
具有荷葉邊和瘤
狀突起物。兼具
多種多肉植物的
特徵，外型非常
獨特。

古斯特
Echeveria 'Gusto'

春秋生型　8cm

厚厚的葉子緊靠在一起，呈現蓮花座
形狀。澆水時需小心植株被悶壞。

白鳳
Echeveria 'Hakuhou'

春秋生型　10cm

寬大的葉片染著淡淡的嫩綠色，搭配邊緣的粉色，看起來真美。霜之鶴×拉威雪蓮（p.52）的交配種。

花之想婦蓮
Echeveria 'Hana-no-soufuren'

春秋生型　8cm

葉子會在天氣變冷時轉紅。春天會開出黃色的花。具有多花性，需適時摘取花芽。

花月夜
Echeveria 'Hanazukiyo'

春秋生型　10cm

蓮座狀的葉片如菊花般美麗動人。可以單獨栽培，也很適合混植。

武仙座
Echeveria 'Heracles'

春秋生型　10cm

學名源自希臘神話中的英雄，會開出可愛的黃花。

Humilis
Echeveria humilis

春秋生型　8cm

葉片邊緣呈半透明，是十分美麗的品種。可用來增添混栽的品味。

海琳娜
Echeveria hyalina

春秋生型　8cm

被認為是月影的變種，不過在2017年重新認定為原種。以前的名稱為「Hyaliana」。

愛爾蘭薄荷
Echeveria 'Irish Mint'

春秋生型　8cm

靜夜（p.48）與特葉玉蝶的交配種。葉子不會轉紅，一整年都是薄荷綠色。

黃金象牙
Echeveria 'Ivory'

春秋生型　7cm

葉片是明亮的粉綠色，厚厚的葉子真可愛。會長出許多子株並發生群生現象。

瓊丹尼爾
Echeveria 'Joan Daniel'

春秋生型　8cm

葉片表面有細毛，具有天鵝絨般的光澤。葉子很容易悶壞，需在周圍土壤上澆水。

朱比特
Echeveria 'Jupiter'

`春秋生型` `8cm`

就像綁著蝴蝶結一樣,感覺真可愛。
葉片上有白粉,澆水時需多加注意。

月迫薔薇
Echeveria 'Kessel-no-bara'

`春秋生型` `8cm`

交配父母本是身分不明的No.15,散
發著一股神祕的氣息。葉片轉紅時會
變成橘色。

拉威雪蓮
Echeveria laui

`春秋生型` `10cm`

全身布滿白粉的模樣,簡直就是白色
的擬石蓮女王。拉威雪蓮也是許多交
配種的父母本。

羅琳茲
Echeveria 'Laurinze'

`春秋生型` `10cm`

會長到25公分左右。白粉遺傳自拉
威雪蓮的基因。轉紅的葉片看起來高
貴端麗。

琳達珍
Echeveria 'Linda Jean'

`春秋生型` `10cm`

葉片轉紅後會變成令人印象深刻的紫
色。夏季葉片呈現淡紫色。不耐陽光
直射,因此夏季需移到半陰涼處。

琳賽 × 墨西哥巨人
Echeveria lindsayana × 'Mexican Giant'

`春秋生型` `8cm`

卡蘿拉的變種琳賽與墨西哥巨人的交
配種,整體相當有存在感。

蘿拉
Echeveria 'Lola'

`春秋生型` `8cm`

雪酪綠色的葉片真是美麗動人。會長
出子株並群生。與德蘭席娜(p.48)
為姐妹交配種。

盧平
Echeveria 'Lupin'

`春秋生型` `8cm`

繼承拉威雪蓮的白色葉肉,邊緣的粉
色氣質逼人。下方葉片枯萎後,需要
謹慎地去除。

蔓蓮
Echeveria macdougallii

`春秋生型` `9cm`

枝幹的前端長著約4公分的蓮座狀葉
片。葉片會在冬季轉紅,前端會變成
紅色。可用來妝點混栽。

紅稚蓮
Echeveria 'Minibelle'

春秋生型	8 cm

會長到20～30公分，呈樹木狀。葉片會在冬季轉紅，葉子前端變成紅色。花朵是橘色的。

桃太郎
Echeveria 'Momotarou'

春秋生型	10 cm

紅色爪子可能是桃太郎名稱的由來。

織姬
Echeveria 'Moongadnis'

春秋生型	8 cm

花麗（p.55）與靜夜（p.48）的交配種。短短的莖部會繁殖群生。別名「艾雪」。

莫桑
Echeveria 'Mosan'

春秋生型	8 cm

圓弧形的葉片在天氣變冷時會變成粉色，植株呈現整齊的蓮座狀，是很受歡迎的品種。花色是黃色。

紫日傘
Echeveria 'Murasakihigasa'

春秋生型	8 cm

小小的蓮座長在莖部前端，屬於直立生長的類型。葉片轉紅時會變成橘色。

渚之夢
Echeveria 'Nagisa-no-yume'

春秋生型	10 cm

葉子上有細毛。葉片容易殘留水分。是青渚蓮（p.58）的交配種。

野玫瑰之妖精
Echeveria 'Nobara-no-sei'

春秋生型	8 cm

葉色一整年不變，爪子會在冬季時變紅。可以葉插法大量繁殖。

Column
1

如何讓葉子變成美麗的紅葉

多肉植物中的紅葉現象，大多發生於擬石蓮屬和青鎖龍屬等春秋生型品種。比較特別的是，葉片並不會在轉紅後脫落，而是變回原本的葉色。欣賞葉色變化的關鍵在於「肥料」、「日照」及「溫度」。

＊秋季不施肥（→請參考p.26「各生長類型　管理工作年曆」）。
＊9月秋分前後到初春這段時期，將植株置於戶外，提供充分的陽光。
＊寒冷環境是葉片轉紅的必要條件，因此原則上要一直放在戶外，但氣溫低於0℃時，需移至日照良好的室內。

春季回溫，葉子會慢慢變回綠色。3、5月需施肥。

青鎖龍屬（火祭）的紅葉。

Novahineriana × 拉威雪蓮

Echeveria 'Novahineriana' × *laui*

春秋生型	8cm

可愛的白色擬石蓮，長著嬌小的紅爪。會大量分株群生。

奧莉維亞

Echeveria 'Olivia'

春秋生型	10cm

具有光澤的葉片上長著紅色爪子。也有人認為是「風車草屬×擬石蓮屬」的交配。

回憶露

Echeveria 'Omoide-tsuyu'

春秋生型	8cm

相府蓮與玫瑰蓮（p.48）的交配種。葉子在冬季變成紅色，非常適合用來妝點混栽。

昂斯諾

Echeveria 'Onslow'

春秋生型	8cm

葉色為麝香葡萄綠。葉片在冬季變成粉色，花朵會變成粉色或橘色，模樣相當可愛。

獵戶座

Echeveria 'Orion'

春秋生型	10cm

一種擬石蓮屬多肉，經常在市場上流通，但交配父母本卻不明。略帶粉色的葉片是一大特徵。

奧西恩

Echeveria 'Ossein'

春秋生型	8cm

綠葉上有銳利的紅色葉緣，是具有對比感的美麗品種。由於葉子密集生長，需注意潮溼環境。

碧桃

Echeveria 'Peach Pride'

春秋生型	8cm

葉片又圓又大，轉紅時會變成桃粉色，簡直就像桃子一樣。碧桃是少女擬石蓮屬中的公主。

Peaches and Cream

Echeveria 'Peaches and Cream'

春秋生型	10cm

葉子呈圓弧狀，平緩的葉緣呈粉紅色。屬於在可愛氛圍中帶點沉穩感的類型。

Peachmond

Echeveria 'Peachmond'

春秋生型	8cm

苗條身材搭配帶有光澤感的麝香葡萄綠，散發出高貴的氣息。

老樂
Echeveria subsessilis

春秋生型　10cm

灰藍色的葉片一整年都不會變色，但邊緣會稍微變成粉色。

紐倫堡珍珠
Echeveria 'Perle von Nürnberg'

春秋生型　10cm

葉子會在冬季變成粉紫色。由於植株會向上生長，需要以洞切法整理。

Piorisu
Echeveria 'Piorisu'

春秋生型　10cm

葉色具有低調沉穩感，但冬季會變成粉紅色。會長成約15公分的蓮花座。

Pixi
Echeveria 'Pixi'

春秋生型　10cm

小型擬石蓮屬，塞滿小小的青綠色葉片。植株會群生，需注意潮溼環境。

普利托里亞
Echeveria 'Pretoria'

春秋生型　8cm

葉片轉紅時期，葉子前端的爪子和周圍會變成粉色，看起來十分可愛。

森之妖精
Echeveria pringlei var. *parva*

春秋生型　12cm

初冬葉片轉紅，可以同時欣賞深紅色的葉子前端和橘色的花。蓮花座長得比較小。

稜鏡
Echeveria 'Prism'

春秋生型　8cm

愈靠近中心的葉子愈密集重疊，逐漸開展成蓮座的形狀。會大量分株繁殖。

花麗（別名：Pulidonis）
Echeveria pulidonis

春秋生型　8cm

葉色、紅色葉緣、蓮座形，為完美擬石蓮屬的特色。許多品種的父母本。

花麗 × 嬰兒手指
Echeveria pulidonis × 'Baby Finger'

春秋生型　8cm

葉肉豐滿的嬰兒手指與花麗的交配種，是繼承兩者優點的可愛品種。

雪錦星
Echeveria pulvinata 'Frosty'

春秋生型　10 cm

葉子覆蓋著纖細的毛，像天鵝絨一般美麗。植株會往上生長，需要適時地重新修整。

錦晃星
Echeveria pulvinata 'Ruby'

春秋生型　12 cm

漂亮的葉片就像天鵝絨，接觸冬季低溫後，葉片會變成正紅色。

紫公主
Echeveria 'Purple Princess'

春秋生型　8 cm

葉片就像湯匙一樣開展成美麗的蓮座狀。澆水時需小心避免葉子積水。

拉姆雷特
Echeveria 'Ramillete'

春秋生型　8 cm

具有蘋果綠色的葉片，冬季會變成橘色。可作為混栽中的強調色。

拉姆雷特　（綴化）（別名：Painted Beauty）
Echeveria 'Ramillete' f. *cristata*

春秋生型　10 cm

發生綴化現象的拉姆雷特。

紫心　（別名：瑞茲麗、粉色回憶）
Echeveria 'Rezry'

春秋生型　8 cm

細細的葉子如花瓣般開成蓮座狀。天氣變冷後，葉子轉成紫紅色，就像真正的花一樣。

里加
Echeveria 'Riga'

春秋生型　8 cm

紅寶石粉色的葉緣真是漂亮。植株沒有莖部，需在周圍的土上澆水，避免植株悶壞。

里加
Echeveria 'Riga'

春秋生型　12 cm

有些里加會像塊根植物（p.19）一樣長出大大的莖幹，這在擬石蓮屬多肉中相當少見。

羅賓
Echeveria agavoides 'Romeo Rubin'

春秋生型　6 cm

擁有「紅寶石」之稱的深紅葉片真是魅力十足。不耐陽光直射，盛夏時期需置於半陰涼處。

銀倫敦

Echeveria 'Rondorbin'

`春秋生型` `9cm`

葉片上有細毛，冬季會變成淡橘色。
銀倫敦會長出枝條，像矮木一樣生
長。

黑玫瑰

Echeveria 'Rosularis'

`春秋生型` `8cm`

特徵是長得像湯匙的葉片，葉片會往
內彎。會開出橘花，很符合擬石蓮屬
的形象。

露比諾瓦

Echeveria 'Ruby Nova'

`春秋生型` `10cm`

冬季轉紅時，葉緣的紅色會保留下
來，而葉子前端則變成清澈的黃色。
花朵也是黃色的。

聖路易斯

Echeveria 'San(or Santa) Luis'

`春秋生型` `8cm`

葉子的前端和背面呈紅色，勺狀葉片
排列成美麗的蓮座形狀。還沒有固定
的稱呼方式。

沙羅姬牡丹

Echeveria 'Sarahimebotan'

`春秋生型` `8cm`

氣溫下降後，葉子會從背面開始慢慢
變紫，形成優雅的漸層色調。

斯嘉麗

Echeveria 'Scarlet'

`春秋生型` `8cm`

飽滿的葉肉密集重疊成美麗的蓮座。
會大量繁殖子株並群生。

賽琳娜

Echeveria 'Selena'

`春秋生型` `8cm`

特徵是如劍般細長的葉子，以及紫紅
色的葉片前端。會開出很有擬石蓮屬
風格的黃花。

Sensepurupu

Echeveria 'Sensepurupu'

`春秋生型` `8cm`

Sensemejio與細葉大和錦的交配種。
尺寸稍大的蓮花座相當有存在感。

尚森

Echeveria 'Shanson'

`春秋生型` `7cm`

麝香葡萄綠色的葉子會在冬季變成橘
色。帶有透明感的色調惹人憐愛。

七福神

Echeveria secunda 'Shichifuku-jin'

春秋生型	12 cm

據說是明治時代引進日本的品種，偶爾會看到七福神在家中的屋簷群生。

石蓮掌（綴化）

Echeveria secunda f. *cristata*

春秋生型	8 cm

來自很多不同的原產地，有許多亞種。這是綴化的石蓮掌。帶藍的葉片散發著高貴的氣息。

小藍衣

Echeveria setosa var. *deminuta*

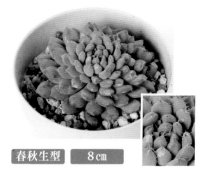

春秋生型	8 cm

又稱為 Deminuta。葉子前端長著稀疏的短毛。不耐高溫。另有別名稱為 Runderii（*Echeveria Runderii*）。

青渚蓮（和名：青渚）

Echeveria setosa var. *minor*

春秋生型	8 cm

在 Setosa 家族當中，與原種錦司晃最接近的品種。葉子背面會在轉紅時變紫。不耐高溫。

霜山卡蘿拉

Echeveria 'Shimoyama Colorata'

春秋生型	10 cm

Colorata 家族的一分子，是充滿謎團的品種。特徵與原種卡蘿拉很相似。

白雪公主

Echeveria mnderii

春秋生型	8 cm

布滿白粉的葉片帶有一點粉色。花麗（p.55）與月影（p.49）的交配種。

保養多肉植物 *petit*

【胴切法→扦插重新修整】

擬石蓮屬 七福神

　　想重新修整莖幹直立生長的品種或柱型仙人掌時，可以採取「胴切法」。切下莖幹後置於陰涼處，確實風乾切口，並且耐心等待發根。

1
母株周圍長出子株，盆栽裡變得很擠。

2
使用可以剪下粗大莖幹的剪刀，將母株剪下。

3
保留1～1.5公分的莖幹以便後續發根或種植。

4
將剪下的母株插入玻璃瓶，放在通風良好的陰涼處，讓切口風乾。

Silver Pop
Echeveria 'Silver Pop'

`春秋生型` `8 cm`

纖細的葉片前端有銳利的爪子。看起來十分貴氣。適合搭配淡色系品種混植。

雪兔
Echeveria 'Snow Bunny'

`春秋生型` `8 cm`

從中心展開的蓮座形狀相當美麗。需在周圍的土上澆水，以免白粉脫落。

Sorpcorymbosa
Echeveria sp.

`春秋生型` `8 cm`

冬季葉片轉紅時，整體會變淡粉色。長長的葉子可作為混栽中的亮點。

久米之舞
Echeveria 'Spectabilis'

`春秋生型` `8 cm`

冬季葉片轉紅時期會變深粉色。蓮座散開的模樣很適合作為混植的主角。

藍寶石
Echeveria subcorymbosa 'Lau 030'

`春秋生型` `10 cm`

短莖經常長出子株，呈現茂盛的群生景象。梅雨季到夏季需注意潮溼。

澄江
Echeveria 'Sumie'

`春秋生型` `10 cm`

女性化的名稱勾起觀者的好奇心。紫色葉片看起來很高貴。葉片轉紅時會變粉紅色。

蒂比
Echeveria 'Tippy'

`春秋生型` `8 cm`

淡綠色葉片上有粉色爪子。葉片轉紅後，背面會變粉紅色。可做出很有少女感的混植作品。

`1個月後`

5
根部長出來後，在盆栽中加入乾燥的培養土，並種入植株。

`2個月後`

6
確實扎根，植株順利生長。

7
子株也在切下母株的地方順利生長，遮住裁剪的痕跡。

`3個月後`

8
子株長得很大了，準備進行分株換盆。

`5個月後`

9
換盆後的子株也順利生長了。如果周圍又長出子株的話，依照1的做法處理。植株會持續繁殖，拿來送禮也不錯。

大和峰
Echeveria turgida

春秋生型

8 cm

有著厚厚的葉肉及銳利的爪子。雖然具有擬石蓮屬多肉的標準外型，但卻是充滿謎團的品種。

紅化妝
Echeveria 'Victor'

春秋生型　8 cm

枝幹會變長的樹木型品種。枝條前端長著蓮花座，紅寶石般的邊緣就像玫瑰花一樣。

睡蓮
Echeveria 'Water Lily'

春秋生型　8 cm

名稱為睡蓮之花。冬季轉紅時期，淡藍色的葉片會變得更白，看起來高貴端麗。

白香檳
Echeveria 'White Champagne'

春秋生型　10 cm

有粉色、紫色等色彩變化的香檳系列。紅葉時期，葉片會變成紅色。

白鬼
Echeveria 'White Ghost'

春秋生型　8 cm

葉片布滿白粉，前端呈現起伏的波浪狀。要養出漂亮形狀的話，生長期的日照情況很重要。

Column

新品種的命名規則

國際規則

植物的名稱主要分成兩大類，分別是「原種名稱」及「交配種名稱」（園藝品種或商業名）。原種名稱為國際承認的名稱，不可隨意更動。

交配種命名方式

以下介紹國際命名的幾項固定規範。
1. 除部分詞彙外，可自由命名，但不可單獨使用 Pink 等形容詞。
2. 交配格式為母本在前，父本在後。
3. 正式名稱以出版物或權威網站等平台先發表者為優先。為自行培育的品種命名時，應事先調查是否有相同名稱的品種後，再進行命名。
4. 不得超過 30 個英文字母。中文名稱應以羅馬譯名字母標記。

大和姬
Echeveria 'Yamatohime'

春秋生型　8 cm

小型蓮花座，會長出子株群生。具有多花性，需趁還是花苞時稍微修剪。

大和薔薇
Echeveria 'Yamato-no-bara'

春秋生型　8 cm

天氣變冷後，葉子背面會逐漸轉紅。形狀就像大大的花朵一樣美麗。

雪雛
Echeveria 'Yukibina'

春秋生型　10 cm

葉片會在冬季轉紅時變白，呈現其他品種所沒有的色調。秋季需充分接收日照。

長葉綠爪
Echeveria 'Zaragozae Long Leaf'

春秋生型　8 cm

細長的蓮座狀葉片是長葉系多肉特有的外型。多多留意日照之類的栽培條件，就能養出漂亮的形狀。

花魅惑 × 綠爪
Echeveria hyb.

春秋生型　8 cm

花魅惑與綠爪的交配種。具有尖銳的紅爪，是很有魅力的品種。

錫朗
Echeveria hyb.

春秋生型　8 cm

葉片是麝香葡萄綠色，葉緣則是散發沉靜感的粉紅色，看起來真漂亮。可用來妝點混栽植物。

吉魯巴
Echeveria hyb.

春秋生型　8 cm

大大的葉子層層疊疊，呈現出美麗的形狀。葉子間很容易積水，需要多加注意。

Vashon × 綠爪
Echeveria hyb.

春秋生型　8 cm

會開出美麗的洋粉色花朵，但因具有多花性，需在花苞時期進行修剪。

哈爾根比利
Echeveria hyb.

春秋生型　12 cm

小型種，屬於會長出子株的群生類型。遠遠就能看見的尖銳爪子是它的一大特色。

麗拉
Echeveria hyb.

春秋生型　8 cm

白色擬石蓮屬多肉，淡綠的葉色十分美麗。葉色一整年幾乎不變。

Kalanchoe

伽藍菜屬

景天科

原產地：馬達加斯加島等地／栽培難易度：★★★／夏生型／澆水：生長期土壤風乾後充分澆水。
有細毛的品種需在周圍土壤澆水，不要淋到葉子。注意連續降雨。

[特徵]

可以欣賞到許多葉型特殊的品種，例如葉子或整棵植株長滿天鵝絨般細緻的毛，或是有許多切口、美麗花紋的葉子等。植株的尺寸也很豐富，不僅有小型種，也有高度超過2公尺的品種。

[栽培技巧]

夏生型多肉需要充分的日照（盛夏時期必須遮擋陽光）。與此相反的是耐寒性差，最低氣溫低於5℃時，需放置於日照良好的室內，並且進行斷水管理。

仙女之舞
Kalanchoe beharensis

夏生型　11cm

葉子上有白色細毛。長大後呈現樹木狀，可以重新修整的方式縮小植株的尺寸。

方仙女之舞
Kalanchoe beharensis 'Fang'

夏生型　11cm

軟綿綿的毛配上葉子背面的突起物，不協調的感覺反而很有魅力。不耐潮溼環境，需保持乾燥。

仙人之扇
Kalanchoe beharensis 'Latiforia'

夏生型　11cm

仙女之舞的園藝品種數量眾多，仙人之扇為其中之一。葉緣呈現大大的波浪狀。

朱蓮
Kalanchoe longiflora var. *coccinea*

夏生型　8cm

葉子表面和背面呈現紅綠對比，看起來十分美麗。接受充分日照後，顏色的差異會更加明顯。

日蓮之盃
Kalanchoe nyikae

夏生型　8cm

有光澤的圓葉就像碗，或許正是名稱由來。葉片會在秋冬時變成紫紅色。

仙人之舞
Kalanchoe orgyalis

夏生型　8cm

表面布滿褐色的細毛，呈現天鵝絨般的質感。耐寒性差。

白銀之舞
Kalanchoe pumila

夏生型

11 cm

具有布滿白粉的美麗銀葉,莖部分枝並向上生長。初春會開出粉紅色的花。

唐印
Kalanchoe thyrsiflora

夏生型

8 cm

葉子上有白粉,夏季是綠色的,秋冬時期則會變紅。垂直向上生長,晚秋開出白色小花。

Column

伽藍菜屬大多以「仙」、「扇」、「舞」、「兔」、「福」命名

許多多肉植物的園藝品種名或日文名都相當講究。這不禁令人好奇,為多肉植物命名的人究竟是怎麼想的?育種者又是什麼樣的人物呢?

伽藍菜屬多肉的品種名稱當中,經常出現搶眼的「仙」、「扇」、「舞」、「兔」、「福」等字,光是本書的範例就有「仙女之舞」「仙人之扇」「仙人之舞」及「白銀之舞」。在日本,「仙人之舞」似乎還以「天人之舞」的名稱流通於市場,很容易讓人混淆。

仙人之舞

保養多肉植物 *petit*

【修剪變長的莖與枝條,重新栽培】

伽藍菜屬 泰迪熊
Kalanchoe tomentosa 'Teddy Bear'

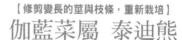

夏生型

生長速度緩慢,需要耐心栽培。

1 修剪時,要考量日照與通風情況。

2 輕輕拉開葉子,轉動拔除。

3 約2個月後,根長出來了。

4 種入土壤,生長中的植株。

Rabbit *Family*

毛茸茸好可愛

大受歡迎的「兔耳」家族

細長的葉子具有天鵝絨般的質感，
長得像兔耳一樣可愛，伽藍菜屬多肉的夥伴 ——Tomentosa種。
葉片上覆蓋著白色細毛，且有褐色斑紋的品種，一般稱為「月兔耳」。
月兔耳有許多變異的個體型態，流通於市場的品種當中，
有些根據各自的特徵命名為「○○兔耳」，
有些則是以顏色形象來命名的園藝品種名。
接下來將為你介紹「兔耳」家族的相關整理。

月兔耳

Kalanchoe tomentosa

夏生型　10cm

兔耳家族的原生種。栽培此種多肉時，最重要的是防寒對
策。最低氣溫低於5℃之前，應移至日照良好的室內。葉片
上的細毛，具有保護葉子不受強烈日照的功能。不耐日本夏
季高溫潮溼、陽光直射的環境，需使用遮光網或電風扇等工
具，適時地控管栽培條件。

黃金月兔耳

Kalanchoe tomentosa 'Golden Girl'

夏生型

10cm

此品種擁有比月
兔耳更偏黃色調
的細毛。

野兔耳

Kalanchoe tomentosa 'Nousagi'

夏生型

9cm

此品種葉片比月
兔耳短，不論是
葉子還是斑紋，
整體顏色都來得
更深。

點點兔耳

Kalanchoe tomentosa 'Dot Rabbit'

夏生型

10 cm

斑紋比月兔耳更
深更大。

熊貓月兔耳

Kalanchoe tomentosa 'Panda Rabbit'

夏生型

10 cm

在極少數情況下
開花。花瓣、萼
片、花柄都覆蓋
著細毛。

巨兔耳

Kalanchoe tomentosa 'Giant'

夏生型

13 cm

長得比其他品種
還大，葉肉也很
厚。

巧克力兔耳

Kalanchoe tomentosa 'Chocolate Soldier'

夏生型

10 cm

充分地接收陽光
後，葉片會轉變
為漂亮的巧克力
色。

肉桂月兔耳

Kalanchoe tomentosa 'Sinamon'

夏生型

10 cm

比巧克力兔耳
還多一點紅褐
色調。

福兔耳

Kalanchoe eriophylla

夏生型

11 cm

雖然福兔耳不是
Tomentosa 品
種，但名稱中也
有「兔」字，因
此作為兔耳家族
一同介紹。不會
向上生長，植株
會繁殖群生。

Crassula

青鎖龍屬

景天科

原產地：以南非為主／栽培難易度：★★☆／有夏生型、春秋生型、冬生型３種生長類型／
澆水：視生長類型而定，取得植株時，應確認屬於哪種類型。

[特徵]	[栽培技巧]
受歡迎的小型種生長在冬季降雨的地區，其他品種則生於夏季降雨或四季有雨的環境，極少數品種生長於幾乎無雨的地區。原產地的氣候大不相同，因此植物的特徵也非常多樣化。	應在日照通風良好的地點栽培。為夏季休眠的冬生型與春秋生型，不耐盛夏高溫潮溼的環境，需置於可避免陽光直射的明亮陰涼處。夏生型青鎖龍屬多肉，可在戶外有雨的環境中栽培。

茜之塔
Crassula capitella

春秋生型

8 cm

小小的葉片持續堆疊生長。春天會開出很香的白花。

茜之塔錦
Crassula capitella f. *variegata*

春秋生型

9 cm

新葉的生長點很接近，會長出鮭魚色的美麗斑紋。葉色具有保護新芽的功能。

火祭
Crassula capitella 'Campfire'

春秋生型 　9 cm

氣溫逐漸降低，紅色也隨之增加。耐寒性及耐熱性佳，是很健壯的品種。可用來點綴混栽植物。

火祭之光
Crassula capitella 'Campfire' f. *variegata*

春秋生型 　8 cm

火祭的錦斑品種，黃綠色的葉片上有著奶油色的覆輪斑，冬季會變成粉紅色。

藍絲帶
Crassula 'Blue Ribbon'

春秋生型 　8 cm

長得很像從地上長出來的蝴蝶結，擁有其他多肉植物所沒有的魅力。葉片會在冬季變紅。

西莉亞
Crassula 'Celia'

| 春秋生型 | 8 cm |

都星與蘇珊乃的交配種。都星為稀有品種，蘇珊的葉片有稜角，也相當獨特。屬於群生的小型品種。

克拉夫
Crassula clavata

| 春秋生型 | 8 cm |

秋季與春季給予充分的陽光，就能長出漂亮的顏色。具有易於繁殖的性質，生長期前可重新種植。

Cordata
Crassula cordata

| 夏生型 | 8 cm |

輕盈的葉片線條散發著貴氣，是很受歡迎的品種。花莖會長出繁殖體，繁殖體會脫落繁殖。

大衛
Crassula 'David'

| 春秋生型 | 8 cm |

具有圓鼓鼓的小葉子，邊緣和背面長著細如針的毛。葉片會在冬季時變暗紅色。

Cooperi（別名：乙姬）
Crassula exilis ssp. *cooperi*

| 春秋生型 | 11 cm |

觀察葉子，會發現上面有紅色斑點、細毛，背面是暗紅色，相當漂亮。不耐高溫潮溼及陽光直射的環境。

波尼亞
Crassula expansa ssp. *fragilis*

| 春秋生型 | 10 cm |

外型相當可愛，可以當作植栽中的亮點，是很方便的品種。因不耐高溫潮溼環境，需多加注意。

石榴蓮
Crassula 'Garnet Lotus'

| 春秋生型 | 10 cm |

葉片上布滿白粉，天鵝絨般的質感與葉色相輔相成。接受充分日照後，會形成很漂亮的顏色。

銀杯
Crassula hirsuta

| 春秋生型 | 11 cm |

會長出輕盈細長的葉片，屬於群生品種。春季花莖變長後，前端會開出白色小花。

赫麗
Crassula sp.

| 春秋生型 | 10 cm |

葉片會變成美麗的深紅色。是能見度高卻身分不明的品種。葉色與植株底部的綠色形成對比，看起來真漂亮。

象牙塔
Crassula 'Ivory Pagoda'

春秋生型　10 cm

葉片覆蓋著白毛，層層疊疊地生長。不耐高溫潮溼環境，應置於通風良好的地點。

洛東
Crassula lactea

春秋生型　8 cm

莖幹直立，枝條分枝生長。植株很健壯，易於栽培。冬季會開出很香的白花。

若綠
Crassula lycopodioides var. *pseudolycopodioides*

春秋生型　8 cm

具有鱗片狀的小葉片。下方葉片脫落且莖部很明顯時，可採扦插法重新修整。

銀揃
Crassula mesembrianthoides

春秋生型　11 cm

葉子長得像小動物的尾巴，十分可愛。葉子前端會變成紅色。可用來點綴植栽。

紅葉祭
Crassula 'Momiji Matsuri'

春秋生型　8 cm

尺寸比火祭（p.66）更小。冬季紅葉很漂亮。如果想養出漂亮的紅色葉片，需要在秋季時減少施肥。

青鎖龍
Crassula muscosa

春秋生型　8 cm

葉子之間的黑色物是開花後的痕跡。春季時，莖幹上的縫隙會開出星形的黃花。

蔓蓮華
Crassula orbicularis

春秋生型　8 cm

植株會長出匍匐莖且分生旺盛，可從中體驗繁殖多肉的樂趣。夏季應置於通風良好的半陰涼處。

姬黃金花月
Crassula ovata sp.

夏生型　14 cm

Ovata 種長久被稱為「翡翠木」，姬黃金花月是其中之一。具有可愛的紅色葉緣。

小米西
Crassula pellucida ssp. *marginalis* 'Little Missy'

春秋生型　8 cm

小巧玲瓏的葉片上長著可愛的粉紅色葉緣。非常適合進行混植。

神刀

Crassula perfoliata var. *falcata*

夏生型	8㎝

外型特徵是刀形的葉子及左右生長的莖。是許多品種的交配父母本。耐寒性差。

王妃神刀

Crassula perfoliata var. *falcata* f. *minor*

夏生型	7㎝

葉片長得比神刀還短，前端呈現圓弧形，具有優雅柔和的外型。

南十字星

Crassula perforata f. *variegata*

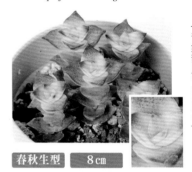

春秋生型	8㎝

三角形的葉子交互重疊並縱向生長。想讓植株群生時，可採用扦插繁殖法。

圓葉花月錦

Crassula portulacea f. *variegata*

春秋生型	13㎝

葉子邊緣呈現深紅色，周圍覆輪斑的顏色變化非常漂亮。葉片容易曬傷。

普諾莎

Crassula pruinosa

春秋生型	12㎝

細細的銀葉上覆蓋著薄薄的白粉。枝條會分生並出現群生現象，注意不要讓植株悶壞了。

夢椿

Crassula pubescens

春秋生型	10㎝

小小的葉子上長著細細的毛。應注意夏季陽光與高溫潮溼環境。春秋接收充分日照後可長出漂亮的葉色。

紅稚兒

Crassula pubescens ssp. *radicans*

春秋生型	8㎝

初春時會開出許多白花。因花朵賞心悅目而聞名的品種。葉片在冬季時變紅。

星公主

Crassula subaphylla (異名：syn.*Crassula remota*)

春秋生型	11㎝

Remota是異名。葉片很小且呈扁桃狀，上面長有細毛。適合做成吊掛型混栽植物。

舞乙女

Crassula rupestris ssp. *marnieriana*

春秋生型	8㎝

葉肉很厚，小小的葉子左右交互生長。與同為Rupestris的「數珠星」很相似，可利用花的生長型態區分。

彩色蠟筆
Crassula rupestris 'Pastel'

`春秋生型` `8cm`

錦斑型的小米星。葉片小巧可愛，淡淡的顏色上有一些斑紋。

Rupestris Large Form
Crassula rupestris sp.

`春秋生型` `8cm`

Rupestris的大型種，膨厚的三角形葉片左右交互生長。葉緣會在秋冬時期轉紅。

錦乙女
Crassula salmentosa f. *variegata*

`夏生型` `10cm`

雖然看起來不像多肉植物，但其實是青鎖龍屬的一員。生長速度很快，春季到初夏時期需進行修剪。

Socialis sp. transvaal
Crassula socialis sp. *transvaal*

`春秋生型` `8cm`

小小的葉子上長著許多細毛。秋冬時能夠欣賞紅葉與白花的對比美感。

蘇珊乃
Crassula susannae

`春秋生型` `7cm`

葉片有稜有角，外型相當獨特。會長出子株群生，但生長速度緩慢。需要耐心地栽培。

小米星（別名：姬星）
Crassula rupestris 'Tom Thumb'

`春秋生型` `10cm`

厚厚的小葉子相互交疊生長。秋冬時期的紅葉就像經過設計一樣好看。

保養多肉植物 *petit*

【修剪變長的莖與枝條，重新栽培】

青鎖龍屬 小米星
Crassula rupestris 'Tom Thumb'

1　每2～3根枝條會成團，從成團的枝條下方開始修剪。

2　剪掉後看起來整潔俐落。

3　摘除下面的葉子，讓莖部露出來。

4　摘下葉子後的樣子。

5　插入籃子中晾乾。

6　枝條長根後，種入乾燥的培養土。

7　2個月後。順利生長中。

Graptoveria

風車草屬 × 擬石蓮屬

景天科

原產地：無（異屬交配種）／栽培難易度：★★★／春秋生型／
澆水：水分殘留在中央會傷到植株，需使用吹球（p.25）等工具吹散。冬季氣溫達0℃以下時斷水。

［特徵］

風車草屬與擬石蓮屬的異屬交配種。比風車草屬
更健壯，易於栽培。葉片膨厚且呈蓮座狀，具有
細微變化的色調十分漂亮，因此許多品種的名稱
也相當可愛。

［栽培技巧］

原則上，應於日照通風良好的地點栽培，因不耐
梅雨季到夏季的多雨環境，這段期間要特別留意
通風條件。表土風乾後充分澆水。

艾格利旺
Graptoveria 'A Grim One'

| 春秋生型 | 8cm |

具有膨厚的葉肉，粉綠色葉片上有粉
色的小爪子，給人柔和的印象。

粉紅寶石
Graptoveria 'Bashful'

| 春秋生型 | 11cm |

學名Bashful有「害羞的、羞怯的」
（shy）意思。葉片在秋冬時期轉成大
紅色。

蓓菈
Graptoveria 'Bella'

| 春秋生型 | 12cm |

胖胖的葉子形成小蓮花座。會開出很
漂亮的花，呈現由黃到紅的漸層色
調。

紫丁香
Graptoveria 'Decain'

| 春秋生型 | 10cm |

葉色是稀有的灰綠色系。秋冬時期葉
片變成偏淺灰的粉色，是很素雅的色
調。

初戀
Graptoveria 'Huthspinke'

| 春秋生型 | 11cm |

葉片帶紫色，轉冷後會全變成紫色。
很有存在感，適合作為植栽的主角。

初戀（綴化）
Graptoveria 'Huthspinke' f. *cristata*

| 春秋生型 | 12cm |

綴化的初戀。生長點不只一個，帶狀
生長成奇特的外型。

奧普琳娜
Graptoveria 'Opalina'

春秋生型　8cm

又膨又胖的葉子看起來真可愛。只要避免過度澆水，就能養出耐熱又耐寒的健壯植株。

粉紅佳人
Graptoveria 'Pink Pretty'

春秋生型　8cm

葉片整齊排列的模樣很符合風車草屬×擬石蓮屬的正統形象。初春時會開出黃花。

紫夢
Graptoveria 'Purple Dream'

春秋生型　8cm

天氣變冷後，葉片會變成鮮豔的紫紅色。圓滾滾的小葉子是好用的素材，可用於點綴混栽植物。

玫瑰女王
Graptoveria 'Rose Queen'

春秋生型　11cm

經過幾年的生長後，淡桃色的葉片背面會浮出斑點。

銀星
Graptoveria 'Silver Star'

春秋生型　8cm

修長的細爪散發著獨特的氛圍。爪子會在秋季轉紅。可用來作為植栽的亮點。

白牡丹錦
Graptoveria 'Titubans' f. *variegata*

春秋生型　8cm

一旦迎來冬季，錦斑會變成偏乳白的粉紅色。可用來增加混栽的可愛度。

保養多肉植物 *petit*

【修剪子株，重新栽培】

風車草屬 × 擬石蓮屬　瑪格麗特
Graptoveria 'Margarete Reppin'

春秋生型

莖部直立群生。不耐潮溼環境。

1 將增加的子株剪下來，重新修整。

2 修剪子株。

3 修剪時，莖短處保留幾片葉子。

4 摘除下方葉子，露出約1公分的莖。

5 插在籃子上晾乾。

6 子株長出根後，種入乾燥的培養土。

Graptosedum

風車草屬 × 佛甲草屬

景天科

原產地：無（異屬交配種）／栽培難易度：★★★／春秋生型／
澆水：土壤轉乾後充分澆水。夏季與冬季減少供水。

[特徵]	[栽培技巧]
風車草屬與佛甲草屬的異屬交配種。有多種耐熱或耐寒的品種，日本關東以西的地區可露地栽培。植株很健壯，易於培育。蓮座狀的膨厚葉片上有著美麗獨特的色調。紅葉時期也十分漂亮。	原則上應在日照通風良好的地點栽培。表面土壤風乾後，需要充分澆水。雖是比較結實的品種，但是有些品種不耐梅雨季到夏季的潮溼環境，因此需要控制澆水量，並且在乾燥的條件下培育。

小美女 *Graptosedum* 'Little Beauty'

春秋生型　**8cm**

冬季轉紅期，葉子前端呈現紅色、橘色和綠色。
3色漸層就像彩虹一樣美。

Cremnosedum

碧珠景天屬 × 佛甲草屬

景天科

原產地：無（異屬交配種）／栽培難易度：★★★／春秋生型／
澆水：土壤風乾後，過2～3天再充分澆水。夏季減少供水。

[特徵]	[栽培技巧]
一般認為是碧珠景天屬與佛甲草屬的異屬交配種（學者對於碧珠景天屬的見解各不相同）。原則上，可將其視為與佛甲草屬相同的類型。	基本上與佛甲草屬多肉一樣。需在日照通風良好的地點栽培，避免夏季陽光直射，可以放在半陰涼處照顧，也可以蓋上寒冷紗。必須多加注意梅雨季到夏季的潮溼環境；植株群生後，趁梅雨季來臨前疏剪莖部並重新栽種。

鱷魚 *Cremnosedum* 'Crocodaile'

春秋生型　**8cm**

螺旋狀的葉片垂直生長。
由於莖幹會愈來愈長，需靠修剪來維持樹的形狀。

小寶石 *Cremnosedum* 'Little Gem'

春秋生型　**10cm**

帶有光澤的三角形葉片，開展成蓮花座的形狀。春季會開出黃花。夏季應注意高溫潮溼環境。

Graptopetalum

風車草屬

景天科

原產地：墨西哥、中美洲／栽培難易度：★★★／類似夏生型的春秋生型／
澆水：土壤轉乾後充分澆水。夏季減少供水，冬季斷水。

[特徵]

有許多小型品種，豐滿膨厚的小葉子聚集成蓮座狀，嬌小玲瓏的樣子真可愛。有的葉片覆蓋著白粉，有的會在春秋季轉紅。屬於結實好養的多肉類型。

[栽培技巧]

喜歡陽光，較耐高溫及低溫。只要葉片沒有在冬季時凍傷，就能放在戶外栽培。放任植株大量群生，到了夏季可能導致植株悶熱腐壞，因此需在春夏時期以分株法加以照顧。

美麗蓮
Graptopetalum bellum

春秋生型
10 cm

夏季會開出螢光粉紅色的花朵。青銅綠色的蓮座也十分美麗動人。原為美麗蓮屬貝拉（King Star）。

達摩秋麗
Graptopetalum 'Daruma Shuurei'

春秋生型
8 cm

葉片帶有淡淡的色彩，尊貴高雅。容易群生，需用心照顧。

藍豆
Graptopetalum pachyphyllum 'Blue Bean'

春秋生型　8 cm

藍灰色的葉片前端有深紫色的斑點。為避免植株底部悶壞，應在周圍的土壤澆水。

朧月
Graptopetalum paraguayense

春秋生型　8 cm

長出子株後，落下的葉子也會繁殖新芽，莖部匍匐直立生長，具有旺盛的生命力。

姬秋麗
Graptopetalum mendozae

春秋生型　8 cm

天氣變冷後，葉片會變成淡粉色。持續處於潮溼環境會讓葉片更容易脫落，應保持乾燥。

姬秋麗錦
Graptopetalum mendozae f. *variegata*

春秋生型 | **8㎝**

葉緣附近的顏色褪去，整體呈現粉嫩的色彩。可以用來點綴混栽植物。

鵝卵石
Graptopetalum 'Pebbles'

春秋生型 | **10㎝**

長時間處於低溫環境，葉片會轉成鮮豔的紫色。會利用子株繁殖。應注意潮溼環境。

銀天女
Graptopetalum rusbyi

春秋生型 | **10㎝**

暗淡的銀紫色葉片，流露素雅的魅力。小型蓮花座會群生繁殖。

Pachyveria

厚葉草屬 × 擬石蓮屬

景天科

原產地：無（異屬交配種）／栽培難易度：★★☆／春秋生型／
澆水：土壤轉乾後充分澆水。夏季與冬季減少供水量。

［特徵］

厚葉草屬與擬石蓮屬的異屬交配種。特徵是豐滿圓潤的葉片，上方有薄薄的白粉，透著白粉呈現的葉色十分美麗。耐寒性強，日本關東平原以西地區，可進行露地栽培。

［栽培技巧］

日照不足會造成葉色不佳，植株容易徒長，因此需在日照通風良好的地方栽培。由於不耐潮溼環境，遇到連續降雨或夏季等多雨季節時，應控制澆水量並保持植株乾燥。

Column

什麼是異屬交配種？

　一般會以同屬的品種進行交配，但若要加入同屬間無法創造的他屬形狀或特性，就需要讓不同屬的品種雜交，這就是「異屬交配種」。
　例如：厚葉草屬 × 擬石蓮屬的「Pachyveria屬」，風車草屬 × 擬石蓮屬的「風車石蓮屬」等。異屬交配種都會繼承雜交親屬各自的優點。

蜜桃女孩 *Pachyveria* 'Peach Girl'

春秋生型 | **8㎝**

秋季到春季時期，除了葉子中央以外，其他部分會變成桃色，看起來相當可愛。

Cotyledon

銀波錦屬

景天科

原產地：南非／栽培難易度：★★★／夏生型、春秋生型／澆水：表面土壤風乾後充分澆水。
夏季與冬季減少供水。有細毛的品種需在周圍土壤上澆水，勿淋到葉片。注意連續降雨日。

[特徵]	[栽培技巧]
銀波錦屬多肉有許多外型可愛的品種，有熊童子、子貓之爪等長得像動物手掌的類型，也有葉緣呈紅色的類型。莖部大多直立生長，下方會變褐色並出現木質化現象。	有許多耐熱或耐寒的品種（錦斑品種比普通品種虛弱），為避免盛夏時期受到陽光直射，應置於半陰涼處。冬季休眠期的澆水量需比其他季節來得少，葉片的尖刺消失後開始澆水。

毛折鶴
Cotyledon campanulata

夏生型

8 cm

葉片呈現細長的棒狀，上面長著細毛。莖幹會持續變長，需定期以扦插法或分株法重新栽種。

白美人
Cotyledon 'Hakubijin'

春秋生型

13 cm

又白又瘦的細長葉片非常符合白美人的意象。葉片前端在冬季轉紅。植株緩慢而垂直生長。

福娘
Cotyledon orbiculata var. *oophylla*

春秋生型

15 cm

葉片上布滿薄薄的白粉，邊緣呈現深紅色，吊鐘般的橘花散發豔麗氣息。

豐滿女孩
Cotyledon orbiculata 'Fukkura'

春秋生型

9 cm

豐滿的白色葉肉流露出柔和感。容易發生徒長，需接收充分的日照。

薄荷
Cotyledon orbiculata 'Peppermint'

春秋生型	8cm

銀波錦屬多肉的一大勢力，Orbiculata 種之一。白色會隨著葉子持續生長而變多。

小叮噹
Cotyledon 'Tinkerbell'

春秋生型	13cm

小葉子搭配可愛橘花的人氣品種。大約垂直生長至30公分。

子貓之爪
Cotyledon tomentosa ssp. *ladismithensis* 'Konekonotsume'

春秋生型	7cm

有柔軟的毛及直直突起的爪子，外型相當可愛。澆水時要避開葉子，倒入周圍的土中。

保養多肉植物 *petit*

【重新栽培分生的枝條】

銀波錦屬 熊童子
Cotyledon tomentosa ssp. *ladismithensis*

銀波錦屬很難葉插繁殖，因此需要採取扦插法。

春秋生型

不耐高溫潮溼，夏季移至半陰涼處。

1 枝條分生且變茂密後，開始修剪植株。

2 通風狀況變好了。陽光也能照到植株的深處。

3 露出1～1.5公分的莖部，將葉片拔下來。

4 插入籃子，晾乾切口。

5 扦插苗全部長出根大約需要3個月。銀波錦屬的發根時間較長。

6 種入乾燥的培養土。

7 順利生長中。

Orostachys
瓦松屬

景天科

原產地：俄羅斯、中國、日本等地／栽培難易度：★★☆／春秋生型／澆水：土壤風乾後充分澆水。冬季休眠期減少供水，每個月澆1次水。

［特徵與栽培技巧］

分布於俄羅斯、中國、日本等地。瓦松屬多肉是很小的屬，約有10個品種。岩蓮華與爪蓮華是日本的原產品種。耐寒性強，容易培育，但不耐夏季悶熱環境，夏季需於通風良好的半陰涼處管理。母株於開花後枯萎，利用地下莖在植株周圍生子株。

子持蓮華 *Orostachys iwarenge* var. *boehmeri*

春秋生型
8cm

湯匙狀的葉子聚集成蓮花座的形狀，模樣十分惹人憐愛。可利用匍匐莖前端的子株輕易繁殖。

Sedum

佛甲草屬

景天科

原產地：分布於世界各地／栽培難易度：★★★（部分品種不易栽種）／春秋生型、夏生型／
澆水：生長期土壤風乾後充分澆水。冬季皆以每個月1次的頻率給水。

[特徵]	[栽培技巧]
膨膨的小葉子密集生長，外型相當多樣，有蓮座形狀，也有長得像項鍊的。耐熱性與耐寒性強，非常適合混栽或在庭院栽培。許多品種葉片轉紅後非常漂亮，這也是佛甲草屬的一大特色。	在日照通風良好的戶外栽培。不耐陽光直射，應置於半陰涼處或以遮光網蓋住。群生株需注意夏季多雨的環境。小心避免植株在冬季時凍傷，並且保持乾燥。

Acre Elegans

Sedum acre 'Elegans'

春秋生型
10 cm

春季生長期，葉子前端會變成亮黃綠色，持續生長後變回綠色。可做成地被植物或混栽。

銘月

Sedum adolphi

春秋生型
8 cm

葉片是有光澤的黃綠色，垂直生長且枝條分生。秋冬時期，葉子會變成淡橙色。植株很健壯，因此易於培育。

黃麗（別名：月之王子）

Sedum adolphi 'Golden Glow'

春秋生型
8 cm

葉片會在天氣變冷後轉紅，嚴冬時期的葉色介於黃色到亮橙色之間。由於植株會直立生長，建議當作混栽中的後排植物。

黑莓

Sedum album 'Blackberry'

春秋生型
8 cm

細長的小葉子呈現放射狀生長，冬季紅葉期的葉色則是 *Sedum album* 之中最暗的品種。可做成別緻的混栽。

珍珠萬年草 （別名：翠綠萬年草）
Sedum album 'Coral Carpet'

| 春秋生型 | 10 cm |

葉色在春秋季為綠色，氣溫下降後變成珊瑚般的紅色。初夏時會開出白色的花。

Hillebrandtii
Sedum album 'Hillebrandtii'

| 春秋生型 | 8 cm |

葉子比其他 Album 品種大一點。葉片在冬季變成茶褐色。

八千代
Sedum corynephyllum

| 春秋生型 | 13 cm |

下方葉子脫落，莖幹垂直生長。可扦插繁殖，母株也會長出新芽。

Brevifolium
Sedum brevifolium

| 春秋生型 | 8 cm |

布滿白粉的葉子十分可愛。直立生長的身姿真好看，也可以作為混栽中的亮點。

新玉綴 （別名：姬玉綴）
Sedum burrito

| 春秋生型 | 8 cm |

布滿白粉的葉子十分可愛。直立生長的身姿真好看，也可以作為混栽中的亮點。

粉梅
Sedum 'Canny Hinny'

| 春秋生型 | 10 cm |

蓮座狀的小葉子會出現群生現象。葉片前端在冬季變粉紅色，散發出可愛的氛圍。

勞爾
Sedum clavatum

| 春秋生型 | 8 cm |

橢圓形厚葉形成的蓮花座很有存在感。也可以當作佛甲草屬混栽中的主角。

姬星美人
Sedum dasyphyllum

| 春秋生型 | 10 cm |

姬星美人的基本品種，是其中最小型的品種。不耐潮溼環境。葉片在冬季時變成紫色。

旋葉姬星美人
Sedum dasyphyllum 'Major'

| 春秋生型 | 8 cm |

豐滿的小型蓮花座，群生的樣子看起來好有趣。日照不足會導致徒長。

毛姬星美人
Sedum dasyphyllum var. glanduliferum

春秋生型　　8 cm

Dasyphyllum（姬星美人 p.79）的大型品種。葉子遇到低溫會變紫色。

寶珠
Sedum dendroideum

春秋生型　　8 cm

外型相當獨特，好像正在跳舞一樣。葉子在冬季變成紫紅色。容易徒長，需注意。

夢星
Sedum 'Dream Star'

春秋生型　　10 cm

耐乾燥性強，接觸到雪霜都不會枯萎，是很強壯的品種。也可以用於地植，當作鋪地植物。

玉蓮
Sedum furfuraceum

春秋生型　　7 cm

莖部木質化的灌木型多肉，可以體驗到盆栽的樂趣。圓圓的葉子上有鱗狀的白顆粒。

Glaucophyllum
Sedum glaucophyllum

春秋生型　　10 cm

內側葉子比較短，愈往外長得愈長，形成時髦的蓮花座。也可以當作混栽的主角。

松之葉萬年草
Sedum hakonense

春秋生型　　10 cm

原產地在日本關東地區至中部太平洋側山區一帶。可以承受雨淋，因此需與其他多肉植物分開栽培。

綠龜之卵
Sedum hernandezii

春秋生型　　10 cm

特徵是一目暸然的葉子生長方式。日照不足及過度澆水容易造成徒長，需要多加注意。

信東尼
Sedum hintonii

春秋生型　　7 cm

有另一種長得很類似、花莖較短的品種，叫做貓毛信東尼。信東尼的花莖較長。

Purpurea
Sedum hispanicum purpurea

春秋生型　　10 cm

葉片帶有淺灰紫色，是很漂亮的萬年草系品種。扦插法和分株法可大量繁殖。

戀心
Sedum 'Koigokoro'

春秋生型　8cm

戀心長得像放大版的乙女心。植株會
向上生長，需要定期修剪。

姬笹
Sedum lineare f. *variegata*

春秋生型　10cm

白佛甲草的錦斑品種。是日本原產的
品種，因此易於照顧。

圓葉松之綠
Sedum lucidum

春秋生型　10cm

葉子具有光澤感，很符合佛甲草的形
象。植物向上生長，花莖前端會開出
許多花。

松葉景天
Sedum mexicanum

春秋生型　10cm

關東以西的歸化植物，在日本的路邊
也能見到。花莖會在春季生長並開出
黃花。

乙女心
Sedum pachyphyllum

夏生型　8cm

特徵是葉片前端呈紅色。經常提供日
照並減少施肥和澆水，顏色會更鮮
艷。

萬年草（別名：真珠星萬年草）
Sedum pallidum

春秋生型　10cm

初夏開白花，冬季葉片轉紅。佛甲草
屬多開黃花，或許是其日文名「真珠
星」（即角宿一）的由來。

薄化妝
Sedum palmeri

春秋生型　11cm

具有萊姆綠色的葉片，冬季會變成漂
亮的粉色淡妝。葉片會變成如花般美
麗的紅葉。

變色龍錦
Sedum reflexum 'Chameleon' f. *variegata*

春秋生型　8cm

米白色的錦斑會在冬季染上淡淡的紫
紅色。可以作為混栽中的強調色。

洛緹
Sedum 'Rotty'

春秋生型　8cm

看起來光滑Q彈的蓮花座，也可以作
為混栽植物的主要素材。應該會變成
很有趣的盆栽。

魯賓斯
Sedum rubens

春秋生型 ｜ 8 cm

莖部並非垂直生長，而是往盆栽外面長。紅色的莖可用來當作混栽的亮點。

虹之玉
Sedum rubrotinctum

春秋生型 ｜ 10 cm

染上緋綠色的虹之玉葉片非常美麗。在混栽中加入虹之玉會讓顏色更突出，讓整體感覺更收束。

安吉麗娜
Sedum rupestre 'Angelina'

春秋生型 ｜ 10 cm

葉片在冬季變成橘色。耐寒性很強，可當作鋪地植物。夏季會開出黃花。

龍血
Phedimus spurium 'Dragon's Blood'

春秋生型 ｜ 10 cm

葉子在冬季脫落，只留下莖部過冬，但植株並不會枯萎，春季時會長出新芽。現為費菜屬（*Phedimus*）。

三色葉
Phedimus spurium 'Tricolor'

春秋生型 ｜ 10 cm

葉子有綠色、白色、粉紅色3色。非常適合跟龍血一起點綴混栽植物。現為費菜屬（*Phedimus*）。

玉葉
Sedum stahlii

春秋生型 ｜ 8 cm

虹之玉的交配父母本。具有暗紅色的葉子，隨著季節和栽培環境的變化，葉片會轉成綠色或淡紅色。

Stefco
Sedum stefco

春秋生型 ｜ 10 cm

具有細小群生的葉子。冬季會變成正紅色。將植株單獨養到快要長出盆栽，感覺也很好玩。

天使之淚
Sedum treleasei

春秋生型 ｜ 10 cm

具有圓滾滾的外型。植株會往上生長，需定期修剪。不耐高溫潮溼環境。

春之奇蹟
Sedum versadense f.*chontalense*

春秋生型 ｜ 8 cm

葉片很小且葉肉肥厚。紅葉時期的葉片背面會變紅，很像愛心的形狀，十分可愛。

Sedeveria

佛甲草屬 × 擬石蓮屬

景天科

原產地：無（異屬交配種）／栽培難易度：★★★／春秋生型、夏生型／
澆水：土壤風乾後充分澆水。夏季和冬季斷水。

［特徵］

佛甲草屬與擬石蓮屬的異屬交配種。擬石蓮屬比較難培育，但加上佛甲草屬健壯的特質，就能達到「去蕪存菁」的效果。美麗動人、玲瓏可愛，強壯而易於栽培，很容易上手。

［栽培技巧］

基本上與佛甲草屬相同。跟佛甲草屬一樣喜歡曬太陽，需提供充足的日照，但盛夏時期要避免陽光直射。

紫麗殿

Sedeveria 'Blue Mist'

春秋生型

8 cm

紫麗殿是佛甲草屬 *Sedum craigii*，以及擬石蓮屬的 *Echeveria affinis* 的交配種。隨著季節變化的紫色葉片非常漂亮。

黑珠錦

Sedeveria 'Jet Beads'

春秋生型　**8 cm**

夏季是鮮豔的綠色，紅葉時期顏色變深，變成豔麗的紅褐色。是可以欣賞到夜色變化的品種。

密葉蓮

Sedeveria 'Darley Dale'

春秋生型

8 cm

蓮花座就像一朵大大的花，相當有存在感，也可以作為混栽的主角。會開出奶油色的星形花朵。

083

綠焰（別名：蒂亞）
Sedeveria 'Letizia'

春秋生型　9 cm

冬季紅葉時期，葉片呈現美麗的紅綠對比。氣溫低於0℃時需放在室內。

瑪雅琳
Sedeveria 'Maialen'

春秋生型　8 cm

葉片呈現麝香葡萄綠色，搭配粉紅色邊緣真可愛。植株自短短的莖部分生，並大量群生。

蠟牡丹（別名：Nuda）
Sedeveria 'Rolly'

春秋生型　12 cm

莖幹直立生長，莖部下方不斷長出植株並聚在一起。需注意潮溼環境。

靜夜玉綴
Sedeveria 'Seiya-tsuzuri'

春秋生型　10 cm

擬石蓮屬靜夜（p.48）和佛甲草屬玉珠簾的交配種。葉子前端在冬季變橘色。

白石
Sedeveria 'Whitestone Crop'

春秋生型　8 cm

外型特徵是粉紅色的紅葉，以及2公分左右的小蓮花座。也可以用來點綴混栽。

保養多肉植物 petit

【修剪變長的莖和枝條，重新修整】

厚葉草屬　嬰兒手指
Pachyphytum rzedowskii

春秋生型

依季節改變顏色。需注意潮溼環境。

1 剪掉變長的部分。

2 修剪後的樣子。

3 摘取葉子，露出約1公分的莖，插入籃子晾乾切口。

4 等根部長出來後，種入乾燥的培養土。

Pachyphytum

厚葉草屬

景天科

原產地：墨西哥／栽培難易度：★★☆／春秋生型／
澆水：土壤轉乾後充分澆水。夏季與冬季，每月斷水一次。

［特徵］	［栽培技巧］
特徵是肥大渾圓、帶有薄薄白粉的葉子。透著白粉所看到的葉片色調相當美麗。白粉被輕碰就會脫落，進行換盆等工作時，需要握住莖的下方。	日照不足會導致葉色不佳，容易造成徒長，需放在日照通風良好的地方栽培。因不耐潮溼環境，連續降雨或夏季多雨時，應控制澆水量並保持乾燥。每1～2年換盆一次。

千代田之松
Pachyphytum compactum

春秋生型
8㎝

生長過程中形成的白色線條是它的一大特色。紅葉時的葉色介於黃色到橘色之間。跟新桃美人長得很像，但新桃美人的紅葉是紫色的。

月花美人錦
Pachyphytum 'Gekkabijin' f. *variegata*

春秋生型
10㎝

飯勺狀的葉片開展成蓮花座，外型十分華麗。作為混栽的主角也很搶眼。

群雀
Pachyphytum hookeri

春秋生型
10㎝

莖幹會垂直往上高高生長。特徵是每片葉子的前端都有尖尖的白點。

星美人
Pachyphytum oviferum 'Hoshibijin'

春秋生型
8㎝

厚葉草屬中有許多「美人」，星美人是其中一種。紅葉時期葉片是淡紫色的，上面覆蓋白粉，很有柔美感。

Sempervivum

長生草屬

景天科

原產地：歐洲中南部的高山地帶等地／栽培難易度：★★☆／接近冬生型的春秋生型／
澆水：土壤風乾後充分澆水。夏季與冬季減少供水。尤其應在夏季斷水。

[特徵]	[栽培技巧]
由細葉組成的蓮花座層層堆疊，具有非常美麗葉片。自古以來便在歐洲擁有很高的人氣，園藝種的色調或形狀也相當豐富。學名來自於拉丁文「永恆生長」之意。	原自歐洲山岳地帶的嚴酷環境。耐寒且耐乾燥，可在日本本州中部高冷地、東北地區、北海道等地的戶外全年栽培。因不耐高溫潮溼，梅雨季到夏季時，需移到通風良好的屋簷下。

Fusilier
Sempervivum 'Fusiller'

春秋生型
11 cm

葉子邊緣有細細的毛。微尖的葉子、葉色、匍匐莖的樣子散發狂野的氣息。

瑪琳
Sempervivum 'Marine'

春秋生型
8 cm

冬季暗紫色真是魅力十足。子株大量生長群生。可作為別緻的植栽主角。

百惠
Sempervivum 'Oddity'

春秋生型
11 cm

葉子很有特色，會捲成圓筒狀。避免葉片積水，澆水時需倒在周圍的土上。

太平洋騎士
Sempervivum 'Pacific Knight'

春秋生型
11 cm

漂亮的葉色，會根據不同季節，由綠色變成酒紅色。會長出匍匐莖並大量增生。

玫瑰瑪琳

Sempervivum 'Rose Marie'

春秋生型

11 cm

蓮花座會緊緊收起，深酒紅色的葉片很有長生草屬的風格，可用於點綴混栽。

上海玫瑰

Sempervivum 'Shanghai Rose'

春秋生型

8 cm

外型非常端麗高雅。葉緣的深紫色覆輪十分美麗。子株會大量繁殖。

草莓天鵝絨

Sempervivum 'Strawberry Velvet'

春秋生型

11 cm

葉片上覆蓋著纖細的毛，具有天鵝絨般的美感。隨著四季變化的葉色也很漂亮。

紅薰花

Sempervivum tectorum 'Koukunka'

春秋生型

8 cm

蓮座形狀彷彿一朵大大的玫瑰。可以單獨種植，在混栽中具有主角級的華麗感。

保養多肉植物 *petit*

【修剪生長的子株，重新修整】

長生草屬 瑪琳

Sempervivum 'Marine'

1 盆內長出很多子株。

2 因為根很細，需要慢慢鬆開。

3 一邊鬆開根部，一邊拉開子株。

4 枯萎的葉片也要取下來。

5 分株完成。

6 將母株和子株分開栽培。

Tylecodon

奇峰錦屬

景天科

原產地：南非／栽培難易度：★★☆／冬生型／
澆水：土壤風乾後充分澆水。
多雨時期需減少澆水。夏季斷水。

[特徵]

冬生型塊根植物的代表品種，在夏季落葉，秋季氣溫下降後，會長出新葉並開始生長。主要在春季開花。有幾公分的小型種，也有高度超過1公分的大型種，種類非常豐富。

[栽培技巧]

訣竅在於夏季斷水與遮光，在通風良好的場所休眠。待秋季長出新葉後，開始慢慢澆水。春秋季土壤完全轉乾後充分澆水。冬季則稍為減少供水。

阿房宮 *Tylecodon paniculatus*

冬生型　　12cm

粗胖的莖幹可用於儲存水分，特徵是彷彿蓋著一層薄紙的表皮。這是阿房宮在乾燥貧瘠的原生環境下進化的證明。

萬物想 *Tylecodon reticulatus*

冬生型　　13cm

開完花的花柄會硬化，葉片周圍的細枝條就是殘留物。生長速度十分緩慢。

Hylotelephium

八寶屬

（紫景天屬）

景天科

原產地：亞洲／栽培難易度：★★★／春秋生型／
澆水：土壤風乾後充分澆水。
冬季稍微保持乾燥。

[特徵]

遍布於日本北海道到九州，可適應當地環境的品種在日本各地自然生長。屬於多年生植物，主要生長在山地、山間岩石地，或是海岸碼頭等地。秋季葉片轉紅並開花。冬季落葉休眠，春季再長出新芽。

[栽培技巧]

喜歡日照通風良好的地點。耐寒性強，關東以西地區可在戶外過冬。不耐潮溼環境，梅雨時期需移至屋簷下之類的避雨場所。可採取分株法、扦插法、實生法加以繁殖。

日高圓扇八寶 *Hylotelephium cauticola*

春秋生型　　11cm

原產自北海道（十勝、日高地區）。蛋形葉片上覆蓋白粉，約長到2公分，秋季會轉紅。

Rosularia

瓦蓮屬

景天科

原產地：北非到中亞／栽培難易度：★★☆／春秋生／
澆水：土壤風乾後充分澆水。夏季與冬季減少供水。
尤其應在夏季斷水。

［特徵］

長生草屬的近緣種。葉
片聚成多個蓮花座，母
株附近大量生長子株，
群生的樣子看起來一模
一樣。不同之處在於花
的構造，長生草屬的花
瓣是分開的，瓦蓮屬呈
現筒狀。

［栽培技巧］

栽培方式幾乎跟魔蓮花
屬一樣。植株很健壯，
既耐熱也耐寒，不耐盛
夏高溫與潮溼環境，梅
雨季至夏季應移到通風
良好的屋簷下，並且減
少供水。生長期土壤轉
乾後充分澆水。

Chrysantha *Rosularia chrysantha*

春秋生型	8 cm

葉片肥厚且布滿細毛，聚
集成蓮花座並群生，毛茸
茸的感覺真可愛。

菊瓦蓮 *Rosularia platyphylla*

春秋生型	7 cm

子株旺盛生長的類型。充
分提供陽光才能養出緊緻
的植株。

｜奇峰錦屬／八寶屬／瓦蓮屬／魔蓮花屬／景天科｜

Monanthes

魔蓮花屬

景天科

原產地：加那利群島等地／栽培難易度：★☆☆／春秋生型／
澆水：秋季到春季，土壤轉乾後充分澆水。
夏季每月斷水一次。

［特徵］

葉片很小且葉肉肥厚，
緊密而旺盛生長的小型
種。自然生長在潮溼的
半陰涼岩石地。原產地
的氣溫幾乎整年不變，
大約介於15～27℃，雨
量也很少。不耐日本夏
季與冬季氣候。

［栽培技巧］

應置於屋簷下等半陰涼
且通風良好的地點。非
常不耐日本夏季高溫潮
溼的環境，植株可能會
果凍化而消失。遇到氣
溫超過35℃的日子時，
只在白天置於日照良好
的窗邊比較不會有問題。

瑞典摩南 *Monanthes polyphylla*

春秋生型	8 cm

小小的葉子長成直徑1公分的蓮花座。春季開出
很特別的花，形成獨特的世界觀。

Aloe

蘆薈屬

阿福花科

原產地：南非、馬達加斯加、阿拉伯半島等地，分布很廣／栽培難易度：★★★／夏生型／
澆水：土壤完全風乾後充分澆水。冬季減少供水。

[特徵]	[栽培技巧]
是約有700種的一個大屬，有小型種也有高度超過10公尺的大樹，種類非常多樣。作為藥草而為人熟悉的樹蘆薈，以及可食用的蘆薈特別知名，園藝種也很豐富有趣。	耐夏季高溫，強壯且易培育，不同品種的栽培技巧有些許差異。日照不足會造成徒長，需充分給予陽光。雖然冬季時有些品種可以在戶外栽培，但關東以北地區移至日照良好的室內比較安全。

皮刺蘆薈林波波
Aloe aculeata var. *limpopo*

夏生型
8 cm

堅硬的葉片如獸角般左右交互生長。秋季葉子出現紫紅色。

白花蘆薈（別名：雪女王）
Aloe albiflora

夏生型
11 cm

會開出吊鐘狀的白花，這在蘆薈屬中相當少見。沒有莖部，細長的葉片上有白斑和尖刺。

王妃綾錦
Aloe aristata 'Ouhi-ayanishiki'

夏生型
13 cm

寬大的葉片上有由綠到紅的漸層，以及整齊的蓮花座形狀，是高人氣的品種。

暴風雪
Aloe 'Blizzard'

夏生型
16 cm

具有暴風雪般的白色斑點，大大擺動的葉片也很適合做成夏季植栽。

卡比塔塔蘆薈

Aloe capitata

夏生型

9 cm

紅色的鋸齒葉片是其一大特色。自然生長在馬達加斯加島，分布範圍很廣，而且有一些變種。

斑點綠

Aloe 'Dapple Green'

夏生型

16 cm

長著細小白斑的漂亮品種。花莖在冬季生長，開出吊鐘狀的可愛花朵。

二歧蘆薈

Aloe dichotoma

夏生型

13 cm

在原產地長到10公尺以上。種在小盆栽裡就能養出小顆的植株。由於根部非常纖細，換盆時要很小心。

青鱷蘆薈

Aloe ferox

夏生型

15 cm

葉片在莖上呈螺旋狀構造，紅褐色的刺十分生動。枝條不會分生，一根垂直生長。

火鳥

Aloe 'Fire Bird'

夏生型

16 cm

植株會大量分生與群生。可讓花莖變長並開出花朵，體驗盆栽的樂趣。

紅鶴

Aloe 'Flamingo'

夏生型

12 cm

特徵是紅色的突起物。其品種名「Flamingo」的語源，是取自拉丁文當中的火焰（flamma）。命名由來或許並非長得像鳥，而是像紅色火焰。

帝王錦
Aloe humilis

| 夏生型 | 16 cm |

群生類型的小型種。布滿葉片的尖刺
不會刺痛人。紅葉時變成橘色。

裴翠殿
Aloe juveuna

| 夏生型 | 14 cm |

像塔一般往上生長。葉片是豔麗的翡
翠色，冬季紅葉時變成淡橘色。

不夜城蘆薈
Aloe 'Nobilis'

| 夏生型 | 16 cm |

大量繁殖群生，莖幹垂直向上生長。
需要定期重新修整。

Pink Blush
Aloe 'Pink Blush'

| 夏生型 | 16 cm |

天氣變冷時，粉色斑紋的顏色會變
深。秋季長出長長的花莖，開出介於
粉色到黃色的花。

羅紋錦
Aloe ramosissima

| 夏生型 | 17 cm |

具有往上生長的細葉。容易長出枝
條，可以欣賞植株愈長愈好看的過
程。

勞氏蘆薈·白狐
Aloe rauhii 'White Fox'

| 夏生型 | 15 cm |

淺灰色葉片上有斑紋的樣子真漂亮。
葉子與長花莖形成很好的平衡。

保養多肉植物 *petit*

【子株增加，根部堵塞】
蘆薈屬 勞氏蘆薈·白狐
Aloe rauhii 'White Fox'

1 將植株取出盆栽。

2 手指鬆一鬆土，
讓土壤脫落。

3 輕輕地分開子株，
不要拉斷根部。

4 用剪刀去除枯萎的
前端，修整根部。

5 分株後的樣子。

6 母株和子株分開種植一個月。
還能看到植株開花。

Astroloba

松塔掌屬

阿福花科

原產地：南非／栽培難易度：★★★／春秋生型／
澆水：春秋季土壤轉乾後充分澆水。
夏季與冬季減少供水。

[特徵]	[栽培技巧]
葉子上面看起來就像星星的形狀（＝astro）。塔狀的生長結構，和十二卷屬硬葉系多肉很相似。生長模式也很類似十二卷屬。	不喜歡直射的日光，應全年置於屋簷下等半陰涼且通風良好的地方栽培。春秋季土壤風乾後充分澆水，訣竅在於夏季與冬季休眠期應減少供水，保持乾燥。

Astroloba Skinneri *Astroloba skinneri*

`春秋生型` `8cm`

葉片呈現放射狀，往上高高生長的樣子很有天守閣的氛圍，是很受歡迎的品種。

小熊座 *Astroloba* sp.

`春秋生型` `8cm`

厚厚的葉片互相交疊生長。為防止葉子曬傷，應使用遮光網等工具以避免夏季陽光直射。

Kumara

摺扇蘆薈屬

阿福花科

原產地：南非／栽培難易度：★★★／春秋生型／
澆水：春秋季土壤轉乾後充分澆水。
冬季減少供水。

[特徵]	[栽培技巧]
從原本的蘆薈屬系統分支誕生的新屬（2014年）。莖會不斷往上延伸生長，有些品種的莖幹會木質化，長成5公尺的樹木高度。	與蘆薈屬相同，需要在日照通風良好的地方栽培。土壤風乾後充分澆水，等到確實變乾後，再進行下一次澆水。冬季應減少供水，放在陽光充足的室內。

重塔蘆薈 *Kumara plicatilis*

`春秋生型` `15cm`

外型令人感受到造形之美。因不耐寒的關係，最低氣溫低於15℃時，需要移到日照充足的室內。

Gasteria

鯊魚掌屬

阿福花科

原產地：南非／栽培難易度：★★★／（接近春秋生型）夏生型／
澆水：春秋季土壤風乾後充分澆水。冬季減少供水。

[特徵]	[栽培技巧]
葉子的形狀很像左右對稱的舌頭（前端是圓的或尖的），有些則呈放射狀展開的樣子，獨特的外型令人內心雀躍不已。屬名有「胃袋」的意思，取自小小胃袋般的花朵形狀。	雖然生長類型是夏生型，但無法承受日本盛夏時期，應放在半陰涼處或使用遮光網避免陽光直射，並在通風良好的場所栽培。冬季休眠期，栽培場所氣溫低於5℃後，移至日照良好的室內。

臥牛
Gasteria armstrongii

夏生型
9cm

葉片長得很像牛舌，左右交錯生長並密集重疊。不耐陽光直射，葉子很容易曬傷，這點需要多加注意。

白星臥牛
Gasteria baylissiana

夏生型
8cm

葉子上的白色斑點和邊緣是特徵。會大量生出子株，出現群生現象。

Flow
Gasteria 'Flow'

夏生型　9cm

葉子長得很像劍，呈現放射狀，給人一種很銳利的感覺。在日本市場上亦被稱為「ファロー」。

白雪姬臥牛
Gasteria glomerata

夏生型　8cm

葉肉膨厚，葉片帶點白色。長時間放在潮溼環境葉片會長出斑點或受傷。

子寶錦
Gasteria gracilis var.*minima* f.*variegata*

夏生型　8cm

舌狀的葉片層層堆疊，像扇子一樣展開。生長方式正如其名，子株不斷生長群生。

Little Warty

Gasteria 'Little Warty'

夏生型	9cm

葉片外型十分獨特，一片葉子上有線條、點點圖案及不同的綠色。

恐龍臥牛錦

Gasteria pillansii 'Kyoryu' f. *variegata*

夏生型	12cm

寬大的硬葉左右交互生長，呈現獨特的形狀。生長速度緩慢。

白光龍

Gasteria pulchra

夏生型	8cm

四處生長的樣子彷彿細葉正在跳舞一般，看起來真特別。群生類型的小型種。

保養多肉植物 *petit*

【子株增加，根部堵塞】

鯊魚掌屬
白星臥牛

Gasteria baylissiana

1 用手指鬆土，讓土脫落。

2 抓住母株和子株的根部頂端較容易分開。

3 成功完成植株分株。

4 一個月後，母株底部又長出子株。

Gasteraloe

鯊魚掌屬 × 蘆薈屬

阿福花科

原產地：無（異屬交配種）／栽培難易度：★★★／夏生型／
澆水：土壤風乾後充分澆水。冬季減少供水。

[特徵與栽培技巧]

鯊魚掌屬與蘆薈屬的交配種。花朵類似蘆薈屬，會長成形狀好看的群生株。
栽培方式原則上跟鯊魚掌屬一樣。植株強壯且易於照顧。應避免盛夏時期陽光直射，提供充足的日照充足，在通風良好的地點栽培。

綠冰 *Gastroaloe* 'Green Ice'

夏生型	10cm

不同植株的點點圖案各不相同。尋找喜歡的圖案也是一種樂趣。

Haworthia

十二卷屬

阿福花科

原產地：南非／栽培難易度：★★☆／春秋生型／
澆水：春秋季土壤風乾後充分澆水。夏季與冬季休眠期減少供水。

［特徵］	［栽培技巧］
在原產地岩石的陰影、樹根或雜草的保護下默默生長。有透明「葉窗」的「軟葉系」、具有硬葉的「硬葉系」、葉上長白毛的「毛葉系」，以及上面好像被切開的「萬象」、「玉扇」等。	十二卷屬大多無法承受陽光直射，需放在屋簷下之類的通風良好、明亮半陰涼處栽培。春秋生長期應避免盆土過乾，土壤風乾後充分澆水。冬季置於氣溫維持在5℃以上的地方。

阿寒湖
Haworthia 'Akanko'

春秋生型
8cm

具有深綠色的大葉窗，上面有線條紋路看起來真美。需注意若日照不足會發生徒長，造成葉片變成縱向生長。

Arachnoidea
Haworthia arachnoidea

春秋生型
8cm

為毛葉系十二卷屬的代表原種，有多種變化。細細長長的毛很像蕾絲。

松之雪
Haworthia attenuata

春秋生型
8cm

有漂亮的紋路，就像雪附在葉子上一樣。紅葉時期變成淡紅色搭配白雪花紋。

奧德利
Haworthia 'Audeley'

春秋生型
11cm

長長的花莖是十二卷屬的特徵。一旦全部的花都開了，植株會變得虛弱，應在開出幾朵花加以裁剪，並保留約3公分的莖（整個莖都枯萎的話則全部拔掉）。

九輪塔
Haworthia coarctata

> 春秋生型　　9cm

和鷹爪種（Reinwardtii）種長得很像，但Coarctata種的白色花紋比較細小，呈現線狀排列的樣子。

春之潮
Haworthia coarctata 'Baccata'

> 春秋生型　　8cm

寬大的葉片堆疊生長成塔狀，會生出子株群生。需避免陽光直射。

黑鯊
Haworthia 'Black Shark'

> 春秋生型　　8cm

葉子前端的葉窗形狀，是其他十二卷屬多肉所沒有的獨特樣貌。上面還有細小的突起物。

旗袍
Haworthia 'Chinadress'

> 春秋生型　　8cm

細葉上有斑紋，整顆植株呈現半透明的樣子真漂亮。葉緣是又短又細的鋸齒。

巨大赤線
Haworthia cooperi 'Akasen Lens'

> 春秋生型　　8cm

Cooperi家族的紅線透鏡。葉片帶點紅色調，透明感的葉窗令人印象深刻。

光之玉露
Haworthia cooperi hyb.

> 春秋生型　　8cm

具有透著黃綠色的葉窗，浮現出來自父母本雪之花（p.107）亮粉般的花紋。

大窗磨砂玻璃　達摩玉露
Haworthia cooperi hyb.

> 春秋生型　　9cm

達摩玉露的特徵是帶紅的葉片，是葉子前端更大更圓的類型。

綠玉露
Haworthia cooperi hyb.

> 春秋生型　　8cm

葉窗也是黃綠色的，整體呈現強烈的綠色調。

白肌玉露
Haworthia cooperi hyb.

> 春秋生型　　8cm

比姬玉露（p.98）更有霧面感，顏色偏白。

天津玉露

Haworthia cooperi hyb.

`春秋生型`　`10cm`

葉片帶有紫色調。

圓頭玉露

Haworthia cooperi var. *pilifera*

`春秋生型`　`8cm`

垂直生長的葉片呈現礦物結晶般的樣貌。不易葉插繁殖，需採取分株法。

綠陰

Haworthia cooperi var. *leightonii* 'Ryokuin'

`春秋生型`　`8cm`

葉片前端尖尖的，是長著細毛的紅玉露。除了綠蔭之外，還有其他顏色的變化，例如紅色的「super red」。

白斑玉露錦

Haworthia cooperi var. *pilifera* f. *variegata*

`春秋生型`　`8cm`

具有透明感的白色斑紋十分美麗，是很有人氣的品種。不耐強光，應放在明亮的半陰涼窗邊。

紫殿

Haworthia cooperi var. *leightonii* 'Shiden'

`春秋生型`　`8cm`

深綠色的葉子前端尖尖的，它的短毛很符合Leightonii種的形象。

姬玉露

Haworthia cooperi var. *truncata*

`春秋生型`　`8cm`

軟葉系十二卷屬的代表性品種。圓圓胖胖的小葉子密集生長群生。
（現在學名不再使用obtusa，已變成別稱。）

Column

不同類型的十二卷屬①

　葉片前端是半透明的，陽光照射後呈現閃閃發亮的美感，這類高人氣品種是「軟葉系」，也稱為「玉露系」。

　關於「葉窗」的生成，是因為十二卷屬生長在原產地南非時，它們為了在乾燥地的半掩埋之下，或是躲在岩石陰影之下接收陽光，因而進化出葉窗。

　十二卷屬有「玉露系」和「毛葉系」，以及分類②（→p.108）介紹的「壽系」、「玉扇」及「硬葉系」。

[玉露系]

利用「葉窗」接收陽光的類型。

玉梓

[毛葉系]

葉緣有細長的鋸齒，彷彿聚成一團的蕾絲。

Arachnoidea

Part 3 | 人氣多肉植物圖鑑

寶草
Haworthia cuspidata

春秋生型　9cm

寬大而膨厚的葉子長成星形的蓮花座。會大量生長子株，需要定期換盆。

京之華
Haworthia cymbiformis var. *angustata*

春秋生型　11cm

蓮座狀葉片長得很像玫瑰花。氣溫降低後，葉子前端染上粉紅色。

達摩寶草
Haworthia 'Dragon Ball'

春秋生型　8cm

豐滿的葉子形成茂密的蓮花座。子株的葉肉也很肥厚。應注意炎熱潮溼環境。

長葉寶草
Haworthia emelyae

春秋生型　13cm

長葉寶草群生株。葉片呈三角形，前端表面粗糙且凹凸不平。有變種。

美吉壽（別名：major）
Haworthia emelyae var. *major*

春秋生型　8cm

突起物覆蓋在葉窗上，很像短短胖胖的毛，感覺很粗糙。

Choveriba
Haworthia fasciata 'Choveriba'

春秋生型　8cm

它的名字十分有趣，是超級白色帶狀的簡稱。帶狀的白色花紋相當顯眼。

白蝶
Haworthia fasciata 'Hakucho'

春秋生型　8cm

十二之卷的錦斑品種。具有萊姆綠色的葉子，給人一種清爽的感覺。

十二之卷
Haworthia fasciata 'Jyuni-no-maki'

春秋生型　9cm

Fasciata種的主要品種。葉片外側連著白色的結，呈現條紋花樣。

十二之爪
Haworthia fasciata 'Jyuni-no-tsume'

春秋生型　8cm

葉片緩緩往內蜷曲，前端是紅色的，看起來很像手指。

十二之卷 短葉
Haworthia fasciata 'Short Leaf'

春秋生型　8 cm

屬於Fasciata種中葉片比較細短的品種。白色的結節連成條紋狀。

十二之卷 超級寬帶
Haworthia fasciata 'Super Wide Band'

春秋生型　8 cm

十二之卷（p.99）有各式各樣的類型，這個品種具有寬大的白色條紋，十分令人印象深刻。

卡美拉
Haworthia 'Gamera'

春秋生型　9 cm

父母本是美麗的毛葉系寶祿絲，因其怪獸般的爪子而被稱為卡美拉。

青瞳
Haworthia glauca var. *herrei*

春秋生型　8 cm

特徵是如劍的暗藍色葉片，會大量生出子株，出現群生現象。帶著一股銳利帥氣的氛圍。

Gracilis
Haworthia gracilis

春秋生型　10 cm

蓮花座看起來就像開花一樣，會大量分頭群生，需要定期重新修整。

櫻水晶
Haworthia gracilis var. *picturata*

春秋生型　8 cm

Gracilis種的變種，淡黃綠色的半透明葉窗相當漂亮。應避免陽光直射及潮溼的環境。

綠寶石
Haworthia 'Green Gem'

春秋生型　8 cm

在十二卷屬交配種中屬於外型很奇特的品種。交配父母本是萬象與姬玉露（p.98）。

綠玫瑰
Haworthia 'Green Rose'

春秋生型　8 cm

玉扇與Magnifica交配出玫瑰花般的形狀。這就是交配的奇妙之處。

白帝城
Haworthia 'Hakuteijyo'

春秋生型　9 cm

紫水晶般的色調使它擁有大批的粉絲。葉窗上有半透明的突起斑點。

克雷克 × 史普鷹爪
Haworthia hyb.

春秋生型　10 cm

色調優雅的葉窗上有線條圖案。以前被歸類為Correcta的品種，現在成了Picta的同伴。

白雪畫卷
Haworthia hyb.

春秋生型　8 cm

白雪公主與毛玉露的交配種。特徵是連成線狀的細軟突起物。

春雷 × 歐若拉
Haworthia hyb.

春秋生型　10 cm

葉窗上有雷電型的紋路。具有透明質感的葉窗遺傳自春雷。

鼓笛
Haworthia 'Koteki'

春秋生型　8 cm

三角形的短葉外側有細小的白點。會大量生出子株群生。

鼓笛錦
Haworthia 'Koteki Nishiki'

春秋生型　8 cm

鼓笛的錦斑品種。葉片上隨著生長著黃綠色或奶油色的斑紋，可以用來增添混栽的色彩。

琉璃殿（別名：旋葉鷹爪草）
Haworthia limifolia

春秋生型　8 cm

葉片很寬大，呈現旋轉交疊的樣子。琉璃殿系列的原種。在葉子上浮起的條紋圖案是它的一大特徵。

琉璃殿錦
Haworthia limifolia f. *variegata*

春秋生型　11 cm

琉璃殿的黃色斑錦品種。不同個體的斑紋也各不相同，可以體驗其中的樂趣。

白紋琉璃殿
Haworthia limiforia 'Striata'

春秋生型　9 cm

雖然白色條紋很俐落，但也長得很像它的別名，令人聯想到蜘蛛巢穴。

瑪雅
Haworthia magnifica sp.

春秋生型　8 cm

瑪雅是Magnifica的夥伴，特徵是大大展開的三角形葉窗。還有許多變種和交配種。

白羊宮
Haworthia 'Manda's hybrid'

春秋生型	8 cm

明亮的萊姆綠色葉子是它的一大特徵。會生出大量子株，出現群生現象。

曼特利
Haworthia 'Manteri'

春秋生型	8 cm

特徵是礦物結晶般的外型。Cooperi系與Maughanii系（萬象）的交配種。

大文字
Haworthia maughanii 'Daimonji'

春秋生型	8 cm

深綠色的葉子上有顯眼的白色線條。是日本市場流通量不多，但卻很受歡迎的品種。

紫晃萬象
Haworthia maughanii 'Shiko'

春秋生型	10 cm

葉色是帶紫的綠色。特徵是葉窗上的線條，紋路是淡淡的嫩草色，而不是白色。

冰雪萬象
Haworthia maughanii 'Hyosetsu'

春秋生型	10 cm

葉片開展成扇狀，分類在Maughanii系中。葉窗有雪花結晶般的圖案。

雪國萬象
Haworthia maughanii 'Yukiguni'

春秋生型	8 cm

在半透明的白色葉窗上，長著細小的線條。葉色也帶有透明的質感，散發出高貴的氣質。

鏡球
Haworthia 'Miller Ball'

春秋生型	8 cm

葉窗很大且有光澤感，在葉片前端突出細短的鋸齒。是Cooperi系列交配種的人氣品種。

翡翠
Haworthia mirabilis var. *mundla*

春秋生型	8 cm

Mirabilis有許多變種，翡翠是其中之一。葉片很短，葉窗上有簡單的黃綠色線條。

Paradoxa
Haworthia mirabilis var. *paradoxa*

春秋生型	8 cm

葉子表面長著一顆一顆類似透明圓點的東西。

Ollasonii

Haworthia 'Ollasonii'

春秋生型	8 cm

具有茶褐色的葉片及綠色系的葉窗，
兩者形成別緻的對比。也可以作為
十二卷屬混栽的主角。

皮克大

Haworthia picta

春秋生型	8 cm

葉窗上的白色小斑點襯托深綠色的葉
片。皮克大也有許多變種和交配種。

皮克大 克麗奧佩脫拉 × 梅比烏斯

Haworthia picta 'Cleopatra×Mevius'

春秋生型	10 cm

浮起的葉窗渾圓肥厚，上面長著白色
斑點，看起來十分高雅。

公主洋裝

Haworthia 'Princess Dress'

春秋生型	9 cm

具有修長的葉片及大葉窗。植株散發
著透明的質感，是很高貴的交配種。
春季花莖生長，開出白色的花。

冬之星座 × 春之潮

Haworthia pumila× 'Baccata'

春秋生型	8 cm

同為硬葉系的品種互相搭配，是充滿
謎團的交配種。葉片看起來很緊實，
外型相當好看。

冬之星座

Haworthia pumila 'Papillosa'

春秋生型	8 cm

豐滿的深綠色葉片上有小圓點，好像
結冰的樣子，真是可愛。植株很健壯
且易於栽培。

銀雷

Haworthia pygmaea

春秋生型	9 cm

葉片上面之所以有一點白色，是因為
長著短短的白色細毛。

特白磨面壽

Haworthia pygmaea 'Super White'

春秋生型	10 cm

具有白色細毛，其中留下一道道的線
條。葉窗有弧度且很突出，植株整體
帶有圓弧感。

鷹爪

Haworthia reinwardtii

春秋生型	8 cm

植株的身形很緊緻，具有點狀的白色
結節。從植株底部長出大量子株，出
現群生現象。

Kaffirdriftensis

Haworthia reinwardtii 'Kaffirdriftensis'

`春秋生型`　`9 cm`

有白色結節的品種大多呈條紋狀排列，但此品種卻是縱向排列。

星之林

Haworthia reinwardtii var. *archibaldiae*

`春秋生型`　`8 cm`

每片葉子的背部都有圓弧感，上面散布著白色結節。非常符合星之林的意象。

紫翠

Haworthia resendeana

`春秋生型`　`8 cm`

葉片旋轉向上生長的姿態十分美麗。群生的樣子也很好看。

青磁杯

Haworthia reticulata

`春秋生型`　`8 cm`

淡黃綠色的葉片上有半透明的圓形斑點。水滴般的圖案呈現出惹人憐愛的氛圍。

寶草壽

Haworthia retusa

`春秋生型`　`8 cm`

特徵是往後翻的葉片前端，以及有透明感的三角形大葉窗。有許多變種和交配種。

壽光

Haworthia retusa hyb.

`春秋生型`　`8 cm`

是小型的青鳥壽，上面有淡淡的黃色斑蚊。子株旺盛生長，發生群生現象。

保養多肉植物 petit

【子株繁殖，根部阻塞】

十二卷屬 青鳥壽

Haworthia retusa

1

老根糾纏或土壤堵塞時，請試著用小鑷子輕戳看看。

2

從難摘取的子株插入勺狀工具，將子株取出。

3

還是摘不下來的話直接扳開也可以。若子株分開後根部斷掉了，放一小段時間還會再長出來。

4

分開種植母株和子株，植株的修整完成。

萬輪

Haworthia mutica hyb.

春秋生型　8cm

具有豐滿的大葉片。逐漸生長後，其中一面葉窗會變白色，綠色的葉脈上會留下線條。

靜鼓

Haworthia 'Seiko'

春秋生型

8cm

玉扇與青鳥壽的交配種。雖然中心區塊的葉片會排成一列，但外側會往內繞，形成獨特的樣貌。

紫禁城

Haworthia splendens hyb.

春秋生型　10cm

葉片前端很肥厚，上面布滿無數的白斑和半透明的小圓斑。

史普鷹爪

Haworthia springbokvlakensis

春秋生型　8cm

葉片前端既有圓弧感又是扁平的，大大的葉窗上有線條圖案。經常被當作交配父母本。

史普鷹爪系交配種

Haworthia springbokvlakensis hyb.

春秋生型　8cm

深紫色的葉片上有半透明的深綠色葉窗。是色調暗沉且令人印象深刻的交配種。

史普鷹爪系交配種KAPHTA

Haworthia springbokvlakensis 'KAPHTA'

春秋生型　10cm

史普鷹爪系交配種之一。外翻的葉片前端比較短小，所以長得很像萬象。

玉梓

Haworthia 'Tamaazusa'

春秋生型　8cm

透明的葉窗十分美麗動人。有可能是Cooperi系的交配種，父母本不明。

帕魯巴

Haworthia tessellata var. *parva*

春秋生型　8cm

三角形的葉窗微微往後翻，上面有縱向的線條。Tessellata種也有很多變種和交配種。

五重之塔

Haworthia tortuosa

| 春秋生型 | 9 cm |

銳利的葉片輪生交疊，長成塔的形狀。葉片上面有細小的突起物。

幻之塔

Haworthia tortuosa f. *variegata*

| 春秋生型 | 8 cm |

尖銳的葉片上有斑點圖案，這是它的一大特徵。五重之塔的錦斑類型。

白麗

Haworthia truncata 'Byakurei'

| 春秋生型 | 10 cm |

茶褐色的葉片上有著白的線條，形成緩緩的波浪狀。

綠玉扇

Haworthia truncata 'Lime Green'

| 春秋生型 | 8 cm |

是與其他十二卷屬交配的品種，而不是玉扇的變種。葉色是明亮的萊姆綠，很受歡迎。

白長須

Haworthia truncata 'Shironagasu'

| 春秋生型 | 10 cm |

大而宏偉的外型就像鯨魚一樣。或許是因為白色紋路看起來很像鬍鬚吧。

月影

Haworthia 'Tukikage'

| 春秋生型 | 12 cm |

葉片和葉窗彷彿被浸溼般，呈現出帶有光澤的透明質感。深綠葉窗上的網狀圖案真是好看。

祝宴錦

Haworthia turgida f. *variegate*

| 春秋生型 | 9 cm |

葉子很長，葉窗也很長，整體透明度很高。葉子前端有如跳舞般蜷曲是其特徵。

玉綠

Haworthia turgida 'Tamamidori'

| 春秋生型 | 8 cm |

三角形的葉片又小又尖，形成玫瑰花般的小蓮花座。會長出子株群生。

雪之花
Haworthia turgida var. *pallidifolia*

春秋生型　　8cm

小小的葉窗呈淡黃綠色，白色的點狀圖案看起來閃閃發光。是具有柔和氛圍的品種。

青玉簾
Haworthia umbraticola

春秋生型　　12cm

三角形的小葉片形成蓮花座，植株會密集群生。

虎豬
Haworthia 'Tiger Pig'

春秋生型　　8cm

銀雷與毛蟹的交配種。毛蟹本身也是交配種，所以虎豬是混合各種遺傳資訊的品種。

雪景色
Haworthia 'Yukigeshiki'

春秋生型　　8cm

葉窗有白色斑紋和半透明的圖案，由綠線交織成如畫般的美麗形象。

獅子壽
Haworthia sp.

春秋生型　　8cm

葉片有小小的鋸齒。雖然是小型十二卷屬，卻散發著生氣勃勃的氛圍。

糖梅
Haworthia sp.

春秋生型　　8cm

葉片和前端的葉窗都是同色系的深綠色，呈現出深綠色十二卷屬的形象。

賽西莉芙麗雅
Haworthia sp.

春秋生型　　8cm

葉子表面是半透明的綠色，背面則是紫色。會大量生出子株，出現群生現象。

鶴之城
Haworthia sp.

春秋生型　　8cm

黃綠色的葉子前端帶有一點紅。細細葉片與小小的白色結節，給人纖細的感覺。

花鏡
Haworthia sp.

春秋生型　　8cm

亮綠色的葉片具有透明感，大量長成可愛的蓮花座，出現群生現象。

Column

不同類型的十二卷屬②

[壽系]

大三角形葉片，前端朝上往後翻。葉窗圖案豐富，有斑紋也有線狀。

皮克大

[玉扇·萬象]

葉片前端好像被快速切開一樣，上面有半透明的葉窗。玉扇從側面看起來呈現扇形，萬象則是螺旋狀的葉序。

白長須　　　**紫晃萬象**

[硬葉系]

具有尖尖硬葉的類型。葉片上有條紋或圓點圖案。

琉璃殿　　　**十二之卷**

Bulbine

鱗芹屬

阿福花科

原產地：南非／栽培難易度：★★☆／冬生型／
澆水：秋季到春季土壤完全風乾後充分澆水。
　　　夏季每個月數次，少量澆水。

[特徵與栽培技巧]

秋季到春季應置於日照通風良好的地點栽培。日照不足會造成葉片徒長，需要充足的陽光。夏季進入休眠期，葉片開始枯萎，需置於不會淋到雨的涼爽地點管理。放在悶熱的地方會造成植株枯萎，請多加小心。

塊根壽 *Bulbine margrethae*

冬生型

8 cm

細細的葉子上有網狀圖案。葉片在冬季變成栗紅色。會在土中長出粗胖的塊根。

Poellnitzia

青瓷塔屬

阿福花科

原產地：南非／栽培難易度：★★☆／春秋生型／
澆水：秋季到春季土壤完全風乾後充分澆水。
　　　夏季每個月數次，少量澆水。

[特徵與栽培技巧]

青瓷塔屬是松塔掌屬的近緣種，葉子的生長方式很相似（也有人認為青瓷塔屬應該歸類在松塔掌屬）。栽培的技巧幾乎一樣。應置於屋簷下等半陰涼、通風良好的地方培育。

青瓷塔 *Poellnitzia rubriflora*

春秋生型

8 cm

葉片整齊地交疊生長，是一種「塔狀」品種。帶藍的綠色葉片十分高雅。

Euphorbia

大戟屬

大戟科

原產地：非洲、馬達加斯加等地／栽培難易度：★★☆／夏生型、春秋生、冬生型／
澆水：比其他多肉植物更不耐乾燥，生長期應充分澆水。休眠期也不能完全乾燥，需偶爾澆水。

[特徵]

大戟屬是分布於世界各地（熱帶到溫帶）的大型植物屬。其中已知且正在培育的多肉植物就有大約500種。為了適應各自的生長環境，它們的莖部或枝條會發生肉質化等進化現象。

[栽培技巧]

原產地的環境各不相同，但原則上需放在日照通風良好處。不耐寒的品種需在冬天時移到日照良好的室內。大戟屬比其他多肉更不耐乾燥，因此休眠期也不能完全乾燥，這點要多加注意。

銅綠麒麟
Euphorbia aeruginosa

夏生型
13 cm

青磁色的細細枝幹上，有鮮豔的銅色尖刺和底部規律地排列成一個整體。

膨珊瑚
Euphorbia alluaudii ssp. *onconclada*

夏生型
10 cm

細長的莖和小小的葉片很特別。雖然會開花，但大戟屬大多是雌雄異株植物，如果要授粉結果的話，必須同時準備雌株和雄株。

膨珊瑚（綴化）
Euphorbia alluaudii ssp. *onconclada* f. *cristata*

夏生型
9 cm

莖部的生長點似乎受到某種影響而發生異變，長出異於正常狀態的形狀。日本市場上通常稱它為「剪刀石頭布」。

鐵甲丸
Euphorbia bupleurifolia

春秋生型
11 cm

枝幹像鳳梨表皮一樣凹凸不平，這是冬季葉片脫落後所留下的痕跡。不耐潮溼環境，梅雨季到夏季需置於通風良好的地方。

逆鱗龍
Euphorbia clandestina

夏生型　10cm

植株愈往上長會變得愈粗，形成扭來扭去的樣子。簡直就像龍一樣。

瑠璃塔
Euphorbia cooperi

夏生型　10cm

葉片退化的棒狀大戟屬之一。生長速度快。樹液具有毒性，應多加注意。

皺葉麒麟（別名：狄氏大戟）
Euphorbia decaryi

夏生型　11cm

葉片下方有枝條與塊根。雖然日本市場有銷售園藝苗，但原產地的皺葉麒麟被列入華盛頓公約附錄一。

紅彩閣（石化）
Euphorbia enopla f. monstrosa

夏生型　9cm

植株整體帶有尖銳的刺。當新芽生長時，尖刺上的紅色會變多。植株強壯且易於栽培。

孔雀丸
Euphorbia flanaganii

夏生型　13cm

會長出許多枝條的「章魚款」代表品種。枝條前端每年會開幾次小黃花。

峨眉山
Euphorbia 'Gabizan'

夏生型　10cm

落葉的部分會變得凹凸不平，是遺傳自父母本鐵甲丸的現象。不耐夏季高溫潮溼、陽光直射的環境。

玉麟寶（別名：松球麒麟）
Euphorbia globosa

夏生型　10cm

具有球狀的圓形枝條。就像很多球交疊生長一樣，外型十分獨特。

Column

大戟屬的白色樹液

　　大部分的大戟屬多肉都具有毒性很強的樹液。植株會在根、莖、葉受傷時分泌白色樹液，其中含有刺激皮膚和眼睛的物質，一定要多加小心。

＊勿直接接觸皮膚或眼睛。

＊不小心沾到樹液時，請立刻用肥皂仔細清洗。

＊進行扦插繁殖時，應確實擦去枝幹或根部切口分泌的樹液，或是用水沖洗後晾乾切口。

＊扦插工作需要在通風良好的地方進行。

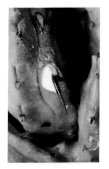

紅彩閣

哥列麒麟

Euphorbia golisana

夏生型

8 cm

整體覆蓋著長長的紅刺。成長群生後，會變成如樹林般的植株。

鬼棲閣

Euphorbia guillauminiana

夏生型　14 cm

葉子在冬季掉落。過了春季開始長出新葉，並且開出花朵。不耐潮溼的梅雨季到夏季及寒冷的冬季。

魁偉玉

Euphorbia horrida

夏生型　8 cm

尖刺是開花後的花柄殘留物。無法承受陽光直接照射，應置於半陰涼處。

Inconstantia

Euphorbia inconstantia

夏生型　12 cm

球形的大戟屬可以儲存很多水分，需等土壤完全風乾再澆水。

九頭龍

Euphorbia inermis

夏生型　12 cm

章魚型品種也要等土壤完全風乾再澆水。過度澆水會造成枝條變得搖晃不穩。

春峰

Euphorbia lactea f. *cristata*

夏生型　11 cm

生長點連成帶狀，是綴化的龍骨木。紋路變化豐富，有白色的、紅色的或長斑紋的。

黃金春峰

Euphorbia lactea f. *cristata*

夏生型　11 cm

具有奶油色的斑紋。

白鬼

Euphorbia lactea 'White Ghost'

夏生型

9 cm

龍骨木的白化品種。粉紅色的新芽會逐漸變白。植株很健壯，易於培育。

白樺麒麟
Euphorbia mammillaris f. *variegata*

春秋生型　8cm

玉麟鳳的錦斑品種。由於色素比較淡，無法承受強光，因此需注意盛夏時期。

蒼龍
Euphorbia mauritanica

夏生型　11cm

葉片很少，只有枝條茂盛生長，是一種綠色枝條類型的大戟屬。

法利達
Euphorbia meloformis ssp. *valida*

夏生型　8cm

球體的植株具有特別的條紋圖案，繁殖開花後也會留下枯萎的花柄。

麒麟花 原種
Euphorbia millii

夏生型　12cm

原產自馬達加斯加島。目前仍在持續發掘其他原產地，每個原產地都有各自的特色。

麒麟花 園藝種
Euphorbia millii cv.

夏生型　12cm

世界各地的麒麟花愛好者研發出許多園藝種和交配種。

麒麟花 交配種
Euphorbia millii hyb.

夏生型　9cm

整體長滿密密麻麻的尖刺和可愛的花。會長出各種不同的樹木形狀，是很受歡迎的品種。

晃玉
Euphorbia obesa

夏生型　10cm

形狀圓滾，帶有格紋圖案，可愛到令人難以相信是大自然的產物。

神玉
Euphorbia obesa ssp. *symmetrica*

夏生型　10cm

形狀比晃玉更扁平。球體的種子將水分儲存在體內。注意不能澆太多水。

Column

個性鮮明的大戟屬

大戟屬是分布在世界各地的大群體，據說大約有2000種品種。而其中約有500到1000種多肉植物，進化成得以適應原產地的形狀，形成獨特且豐富多變的樣貌，甚至讓人看不出來是同屬植物。

長子球的神玉

Euphorbia obesa ssp. *symmetrica*

夏生型　　10cm

晃玉系列品種的特徵，是球體的稜上會繁殖一些子株。

寶輪玉

Euphorbia polygona

夏生型　　8cm

外型跟魁偉玉很像，差別在於花色和稜的數量不同。寶輪玉的花是黑紫色的，而且稜比較多。

稚兒麒麟

Euphorbia pseudoglobosa

夏生型　　7cm

圓形的小植株密集生長，需要注意潮溼環境。高溫多雨時期可善用電風扇等工具。

蘇鐵麒麟

Euphorbia 'Sotetsukirin'

夏生型　　10cm

照片中的植株已培養5～6年。植株會慢慢生長，逐漸形成很有格調的樣貌，是很有人氣的交配種。

姬麒麟

Euphorbia submamillaris

夏生型　　8cm

在麒麟類大戟屬中屬於小型種。會從植株底部大量生出子株，出現群生現象。

貝信麒麟

Euphorbia venenifica ssp. *poissonii*

夏生型　　12cm

Venenifica是許多交配種的父母本，貝信麒麟是Venenifica的亞種。葉片前端有一些波浪狀的鋸齒。

Column

仙人掌的刺與大戟屬的刺

　　許多大戟屬的多肉品種具有仙人掌般的尖刺。

　　區別尖刺的訣竅在於仙人掌科尖刺的器官 ——「刺座」。刺座是尖刺底部類似白色棉毛的部分，由退化變短的枝條變形而成。即使是沒有刺的仙人掌也會有刺座。而另一方面，大戟屬的尖刺卻沒有刺座。

　　此外，兩種屬的尖刺生成方式也不盡相同。仙人掌的針主要被認為是由「托葉」變化而來。針狀的葉片可以將水分蒸發量降到最少，而且還具有保護植物免受動物食害的功能。

　　大戟屬多肉具有各式各樣的型態，有些托葉產生變化，有些開花後會留下硬化的花柄。

瑠璃塔
（大戟屬）

般若
（仙人掌科）

Monadeniumu

翡翠柱屬

大戟科

原產地：非洲等地／栽培難易度：★★☆／夏生型、春秋生／
澆水：比其他多肉植物更不耐乾燥，生長期需充分澆水。休眠期也不能完全乾燥，應偶爾澆水。

[特徵]

大戟屬的近緣種。翡翠柱屬具有十分有趣的獨特外型，有些品種的莖部和枝條會肉質化並形成突起物，有些葉片會退化，有些則會長出巨大的塊根。

[栽培技巧]

許多品種跟大戟屬一樣有根部不穩的問題，而且不耐乾燥。長期完全斷水會讓根部很虛弱，因此即使進入冬季休眠期，每個月也要澆幾次水。冬季應移至日照良好的室內。

莖足單線戟

Monadenium ellenbeckii

夏生型　10 cm

圓棒狀的莖長得很像蘆筍，從莖部分枝生長。可採用扦插繁殖法。

紫紋龍

Monadenium guentheri

夏生型　8 cm

綠色莖幹的表面凹凸不平，向上生長到40～50公分。植株前端會開出白色的花。

坦尚尼亞紅

Monadenium schubei 'Tanzania Red'

春秋生型　10 cm

白色和紅色花形成對比的美感。花在9～12月開花。紫紅色的枝幹也很漂亮。

將軍閣

Monadenium ritchiei

夏生型
10 cm

初夏，葉子從凹凸不平、豐滿肥厚的枝幹上長出來，不久後掉落，隨後開出粉紅色的小花。不耐盛夏時期直射的陽光，葉片會被曬紅，因此需使用遮光網。

戴卡爾黛亞

Monadenium sp.

春秋生型　11 cm

粉色葉片與淡奶油綠和白色的斑紋交織出美麗的對比。會大量生出子株。

Pedilanthus

銀龍屬

大戟科

原產地：非洲／栽培難易度：★★☆／夏生型／
澆水：比其他多肉植物更不耐乾燥，生長期需充分澆水。
休眠期也不能完全乾燥，應偶爾澆水。

［特徵與栽培技巧］

基本上都跟大戟屬一樣。全年應置於日照良好的地方
栽培。生長期5～9月時，等土壤風乾再充分澆水。休
眠期減少澆水次數。天氣變暖後，慢慢增加澆水量。

夏生型 **8 cm**

植株整體布滿白粉，葉子上
也有白色斑紋，形成一種無
以名狀的美麗姿態。日文名
大銀龍真是貼切的名字。

Milk Harmony *Pedilanthus smallii nana*

Jatropha

麻瘋樹屬

大戟科

原產地：中亞、東印度群島等地／栽培難易度：★★☆／夏生型／
澆水：土壤完全風乾後充分澆水。
冬季斷水。

［特徵與栽培技巧］

不耐低溫，最低氣溫低於15℃後，移至日照良好的室
內。葉片開始脫落後慢慢減少澆水次數，完全掉落後
執行斷水。初春時長出葉片，慢慢開始澆水，回到夏
季的澆水模式。

夏生型 **15 cm**

特徵是渾圓肥厚的塊根，以
及切口很深的葉片。夏季會
開出珊瑚紅色的花。

錦珊瑚 *Jatropha berlandieri*

Lithops

生石花屬

番杏科

原產地：南非／栽培難易度：★☆☆／冬生型／
澆水：秋季到春季土壤風乾後充分澆水。隨後慢慢減少澆水次數，夏季休眠期斷水。

[特徵]	[栽培技巧]
葉和莖合成一對不可思議的型態，據說是為了避開動物捕食而進化擬態成石頭的樣子。生長於南非乾燥地帶的砂土區。美麗的圖案和色調使其得到「活寶石」之稱。	若想養出好看的形狀，應在秋季到春季置於通風良好的地方，並且提供充分的陽光。老葉在春季裂開並開始脫皮，為避免脫皮到新芽而造成雙層脫皮，需要減少澆水次數。

日輪玉
Lithops aucampiae

冬生型　6cm

紅褐色的葉窗上帶有茶褐色的網狀圖案。植株很強壯，是新手也能輕鬆栽培的品種。

黃花黃日輪玉
Lithops aucampiae 'Jackson's jade'

冬生型　7cm

日輪玉的異型，具有黃色的皮膚，會開出黃花。

柘榴玉
Lithops bromfieldii

冬生型　6cm

這株顏色很素雅，但其實柘榴玉有很多變種，也有紫紅色或黃色等各式各樣的顏色。

柘榴玉 Glaudinae
Lithops bromfieldii var. *glaudinae*

冬生型
6cm

這款也是顏色較樸素的變種。秋季會開出黃花。

黃微紋玉
Lithops fulviceps 'Aurea'

冬生型
6cm

這是微紋玉的突變種。葉窗顏色是淡黃綠色，上有深綠色點點圖案。名字中有一個黃字，但秋季開的卻是白花。

巴里玉

Lithops hallii

冬生型　6cm

整齊的紅褐色網狀紋路非常美麗，是很受歡迎的品種。日本約從2010年起，開始以「網目巴里玉」的名字在市場上流通，被認為是巴里玉的選拔品種，尚有諸多不明之處。秋季開出白花。

青磁玉

Lithops helmutii

冬生型　6cm

葉片裂成兩半的類型。特徵是帶有透明質感的藍灰色葉片。

富貴玉

Lithops hookeri

冬生型　6cm

像腦袋的網狀紋路是它的一大特徵。顏色和紋路相當豐富多樣，也有變種和亞種。

紫褐富貴玉

Lithops hookeri var. *subfenestrata* 'Brunneoviolacea'

冬生型　6cm

富貴玉中的紫褐色類型。葉窗上的圖案彷彿沉入底色一般。

壽麗玉

Lithops julii

冬生型　6cm

壽麗玉有許多變種和亞種，顏色和紋路有豐富的變化。會長出白色的花。

Reticulate

Lithops julii 'Reticulate'

冬生型　6cm

灰色的葉窗上長著明顯的紅褐色紋路。

紅窗玉

Lithops julii ssp. *fulleri* 'Kosogyoku'

冬生型　6cm

具有不太顯眼的霧面紅色圖案。冬季會開出很大的白花。

綠福來玉

Lithops julii ssp. *fulleri* var. 'Fullergreen'

冬生型　6cm

福來玉變綠後的變種。翡翠綠色的植株會開出白色的花。

朱唇玉
Lithops karasmontana 'Syusingyoku'

冬生型
6cm

Karasmontana（花紋玉）的改良品種，鮮豔的紅色圖案令人印象深刻。會開出白色的花。

Top Red
Lithops karasmontana 'Topred'

冬生型
6cm

特徵是很明顯的紅色網狀圖案。

白花紫勳（別名：白花黃紫勳）
Lithops lesliei ssp. *lesliei* var. 'Albinica'

冬生型
6cm

生石花屬的必養品種，「紫勳」的亞種。葉窗上鮮豔的黃色是它的一大特徵。

灰色紫勳
Lithops lesliei 'Grey'

冬生型
6cm

具有偏灰的綠色圖案。

紫褐紫勳
Lithops lesliei var. *rubrobrunnea*

冬生型
6cm

紅銅色的葉窗上帶有深紫色的圖案。

麗春玉
Lithops localis 'Peersii'

冬生型
6cm

植株頂端有6～8個渾圓肥厚的分頭。淡桃灰色的窗面上有點點圖案。

繭型玉
Lithops marmorata

| 冬生型 | 6 cm |

豐滿渾圓的形狀非常可愛。秋冬季會開出白色的花。

瑙琳玉
Lithops naureeniae

| 冬生型 | 6 cm |

淺栗紅色與偏灰的綠色形成對比，看起來很高雅。秋季開出黃花。

石頭花
Lithops pseudotruncatella

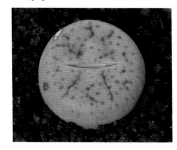

| 冬生型 | 7 cm |

擬態成矽石或雲母片岩。有灰褐色的小裂縫，上面有枝條和點點的圖案。

招福玉
Lithops schwanteesii

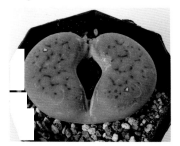

| 冬生型 | 6 cm |

偏白色調的品種。也有許多不同顏色的變種和亞種，每種顏色都偏白。

生石花雜交種
Lithops hyb.

| 冬生型 |
| 9 cm |

父母本不明，因名牌脫落而找不到名稱的「雜交種」。葉子的形狀、頂端葉窗的顏色與圖案都略有些差異。花色雖然一樣，但可以看出花冠形狀有點不同。取得植株後推敲父母本的過程也很好玩。

Column
1

生石花發生徒長時，
應等待下一次脫皮

若要將底座般低矮的生石花養成好看的形狀，秋季到春季生長期給予充分的陽光是很重要的。這個時期的日照不足或通風不佳會造成「徒長」，植株會搖搖晃晃地往上生長。

遇到這種情況時，不能像其他多肉植物一樣採取胴切或換盆的方式，而是必須等待下一次脫皮。

直到下次脫皮前，夏季休眠期應置於屋簷下，或是用遮光網放在半陰涼且通風良好的地方管理。秋季到春季需要確實接收日照，只要耐心等待下次脫皮，隔年就會長出符合石生花外型的新芽。

徒長的植株從中間冒出新芽。

Conophytum

肉錐花屬

番杏科

原產地：南非／栽培難易度：★★☆／冬生型／

澆水：秋季到春季土壤風乾後充分澆水。隨後逐漸減少澆水次數，夏季休眠期斷水。

［特徵］

兩片葉子進化成玉石般的姿態，有些形狀圓滾滾的，有些長得像日本分趾鞋襪「足袋」，真是可愛不已。往上生長的鮮豔花朵也很有人氣，目前已培育出許多園藝品種。

［栽培技巧］

跟石生花一樣以脫皮的方式生長。植株很小，夏季休眠期斷水會導致植株枯萎，因此每個月應少量供水 2 次。秋季開始澆水後，老葉中間會冒出新芽。嚴冬時期需移至日照良好的室內。

銅壺

Conophytum ectypum ssp. *brownii*

冬生型

6 cm

Ectypum 是會群生的小型種，銅壺是 Ectypum 的亞種。具有紫紅色的線條及淡粉色的花。

Ficiforme

Conophytum ficiforme

冬生型

7 cm

嫩草色的葉片上有紫紅色點點圖案。會發生群生現象，開出紫紅色與白色漸層的花朵。

玉彥

Conophytum flavum

冬生型

8 cm

外型呈現馬鞍的形狀，植株會群生。麝香葡萄綠色的葉片頂部有半透明的小點點圖案。

Novicium

Conophytum flavum ssp. *novicium*

冬生型

7 cm

夜晚開花的其中一種肉錐花屬多肉。比白天開花的品種來得樸素，會散發出引誘蟲類的花香。

肉錐花屬［番杏科］

雨月
Conophytum gratum

冬生型　　6㎝

外型很像扁平的小石頭。具有半透明的圓點。會開出鮮艷的粉紅色花朵。

Herreanthus
Conophytum herreanthus

冬生型　　7㎝

寬大的葉片左右裂開並交互生長。原本是美翼玉屬。

珠貝玉
Conophytum luisae

冬生型　　6㎝

呈現淺足袋形狀，上面有紫紅色的斑紋。秋季開出黃花。

Notatum
Conophytum minimum 'Notatum'

冬生型　　7㎝

頂部長有很像痣的圖案，顏色跟植株底部一樣都是紫紅色。

墨小錐
Conophytum minimum 'Wittebergense'

冬生型　　7㎝

Minimum有許多不同顏色或圖案的變種和亞種。墨小錐具有唐草紋般的圖案。

阿嬌
Conophytum obcordellum 'Mundum'

冬生型　　7㎝

紫色與黃綠色呈現對比美感的品種。Obcordellum的園藝種。

玉彥N.
Conophytum obcordellum 'N. Vredendal'

冬生型　　10㎝

枯萎的花接觸到葉片會造成色素沉澱，應盡早取下花柄。

王宮殿
Conophytum occultum

冬生型　　6㎝

小小的葉片呈現足袋的形狀，群生的樣子相當可愛。

鳳雛玉
Conophytum pearsonii

冬生型　　6㎝

秋季會開出大到遮住葉片的粉色花朵。葉片上幾乎沒有圖案。

勳章玉 3公里康科帝亞
Conophytum pellucidum '3km Condordia'

冬生型　7cm

勳章玉系列有變種和亞種，包含各式各樣的顏色、圖案和形狀，這款是其中之一。

勳章玉 Neohallii
Conophytum pellucidum var. *neohallii*

冬生型　7cm

基本系 Neohallii。綠色植株上有米色的圖案。該品種當中也有不同的顏色。

Platbakkies
Conophytum pubescens 'W Platbakkies'

冬生型　7cm

Pubescens 的園藝種，原種是沒有細毛的。頂部有大大的透明葉窗。

祝典
Conophytum 'Shukuten'

冬生型　10cm

有一對足袋形狀的葉片，葉子面對面生長，出現群生現象。具有橘色的花。

紫花祝典
Conophytum 'Shukuten'

冬生型　10cm

不同花色的祝典。會開出美麗的花，呈現由白到粉紅的漸層色。

水滴玉
Conophytum 'Suitekidama'

冬生型　10cm

一顆又一顆群生的可愛品種。需避免植株被悶壞，注意是否保持通風。秋季會開出淡紫色的花。

日之線
Conophytum 'Sunline'

冬生型　13cm

爪子前端呈現足袋形狀，上面有紅色的線。會開出黃色小花。

Subglobosum
Conophytum truncatum 'Subglobosum'

冬生型　8cm

半透明的點點圖案相當顯眼。大翠玉（Truncatum）系長得都很像。

螢光玉
Conophytum uviforme

冬生型　8cm

形狀是渾圓豐滿的心形。具有切縫般的紋路。夜晚會開出白花，散發出好聞的香氣。

螢光玉 希利
Conophytum uviforme 'Hillii'

`冬生型`　`8cm`

頂部有點點圖案和縫隙。

雛鳥
Conophytum velutinum

`冬生型`　`10cm`

葉子是足袋形狀，葉片之間會開出花，鮮豔的杏色花朵十分可愛。

廚子王
Conophytum 'Zushiou'

`冬生型`　`8cm`

頂部有起伏不平的的斑點，看起來凹凹凸凸的。夜晚會開出白色的花。

保養多肉植物 *petit*

肉錐花屬與生石花屬的「脫皮」現象

肉錐花屬的一年

初夏（5月下旬～6月上旬）
葉片逐漸出現皺褶，表皮開始變褐色。

夏季（7～8月）
外觀看起來很像枯萎了，布滿褐色表皮，處於休眠狀態。植株並沒有枯萎，不用擔心。

初秋（9月上旬）
進入生長期，枯成褐色的表皮破裂後冒出新芽。需慢慢增加澆水次數。

↓

接下來，將脫掉的皮摘掉。

1　老皮正在枯萎。

2　使用小鑷子摘取下來，小心不要傷到新葉。

3　拔取枯萎的花芽。

4　從上面快速拔起。

5　清掃完成。

生石花屬的一年

初春（2月左右）
葉片出現皺褶時，就是脫皮的徵兆。

春季（4月中旬～）
老葉裂成兩半，中間看得到新葉。

夏季（6～7月）
老葉逐漸枯萎，從中間冒出新葉。

↓

將脫掉的皮摘除。

1　老葉的枯萎程度不如肉錐花屬，會如照片中這樣殘留在新葉的周圍。

2　用小鑷子摘取，小心不要傷到新葉。

3　從上面快速拔起來。

Aloinopsis

鮫花屬

番杏科

原產地：南非等地／栽培難易度：★☆☆／冬生型／
澆水：夏季休眠期每個月數次，快速地浸溼周圍的土壤。
其他季節應等土壤確實風乾再充分澆水。

[特徵]	[栽培技巧]
生長在以南非主、降雨量少的地區。許多品種的多肉葉片表面有顆粒狀的突起物，具有儲存礦物質和鹽分的功能。	應放在日照通風良好的地點。由於不耐溼氣，需放在可避雨的屋頂，或是通風良好的戶外。冬季需避免接觸雪霜，氣溫低於0℃時移至日照良好的室內。

天女雲 *Aloinopsis malherbei*

冬生型

10 cm

具有寬大的優雅葉片。前端的白色突起物很像羽衣的裝飾。會開出奶油色的大花朵。

錦輝玉 *Aloinopsis orpenii*

冬生型

8 cm

葉肉明明很肥厚，葉片看起來卻搖晃不穩。葉子的其中一面有白色小顆粒。

Antegibbaeum

銀麗玉屬

番杏科

原產地：南非／栽培難易度：★★☆／冬生型／
澆水：夏季休眠期每個月數次，快速地浸溼周圍的土壤。
其他季節應等土壤確實風乾再充分澆水。

[特徵與栽培技巧]

原產自南非的乾燥沙土區。不耐高溫潮溼環境，梅雨季到盛夏時節需加強管理工作。這段期間幾乎都要斷水，放在屋簷下或用遮光網在半陰涼處栽培。耐寒性強，關東以西的地區可在戶外培育。

碧玉 *Antegibbaeum fissoides*

冬生型

7 cm

豐滿肥厚的葉片成對展開。葉片外側具有象皮般的皺褶。

Ihlenfeldtia

瑕刀玉屬

番杏科

原產地：南非／栽培難易度：★★☆／冬生型／
澆水：夏季休眠期每個月數次，快速地浸溼周圍的土壤。
其他季節應等土壤確實風乾再充分澆水。

[特徵與栽培技巧]

瑕刀玉屬是從蝦鉗花屬分出來的新屬。不耐高溫潮溼環境，梅雨季到盛夏時節需加強管理工作。這段期間幾乎都要斷水，放在屋簷下或用遮光網在半陰涼處栽培。耐寒性很強。

Vanzylii *Ihlenfeldtia vanzylii*

冬生型

8 cm

葉片上帶有象皮般的皺褶，以及顆粒狀的突起物。會開出鮮豔的黃花。

Phyllobolus

天賜木屬

番杏科

原產地：南非／栽培難易度：★☆☆／冬生型／
澆水：夏季休眠期每個月數次，快速地浸溼周圍的土壤。
其他季節應等土壤確實風乾再充分澆水。

[特徵]

原生於南非高原地帶的
平原或岩石地。肉質化
的葉片表面上附著小顆
粒，具有儲存礦物質和
鹽分的功能。

[栽培技巧]

需注意梅雨季到盛夏時
節的管理工作。這段期
間幾乎都要斷水，避免
陽光直射，放在屋簷下
或用遮光網在半陰涼處
栽培。雖然耐寒性強，
但冬季應減少澆水量，
低於0℃時需移至室內。

天賜（別名：Sutherland）*Phyllobolus resurgens*

冬生型

8 cm

枝幹很粗的塊根植物。枝
條從中心區域莖幹的四面
八方生長。葉子表面有小
顆顆粒。

淡青霜 *Phyllobolus tenuiflorus*

冬生型

7 cm

枝幹很粗的塊根植物。枝
條和花柄橫向生長，形成
歪歪扭扭的樣子。花柄上
有天鵝絨般的毛。夏季落
葉後進入休眠期。

Pleiospilos

對葉花屬

番杏科

原產地：南非／栽培難易度：★☆☆／冬生型／
澆水：夏季休眠期每個月數次，快速地浸溼周圍的土壤。
其他季節應等土壤確實風乾再充分澆水。

[特徵]

葉子長得很像石頭，裡
面充滿水分，外型很符
合番杏科的形象。是生
長於秋季到春季的冬生
型多肉，不耐高溫潮溼
環境，必須注意梅雨季
和盛夏時期。

[栽培技巧]

秋季到春季生長期需接
收充分的陽光。進入梅
雨季到盛夏時幾乎都要
斷水，避免陽光直射，
放在屋簷下或用遮光網
在半陰涼處管理。對葉
花屬易長根粉介殼蟲，
需要定期換盆。

帝玉 *Pleiospilos nelii*

冬生型

8 cm

葉肉很厚，形狀近似半球
體，表面帶有綠色的小斑
點。會開出橘色大花。

紫帝玉 *Pleiospilos nelii* 'Royal Flash'

冬生型

8 cm

帝玉的園藝種，葉色是紫
色的。不容易生出子株，
因此以播種的方式繁殖。

Argyroderma

佛指草屬

番杏科

原產地：南非／栽培難易度：★☆☆／冬生型／
澆水：夏季休眠期每月澆水數次，快速浸溼周圍土壤。
其他季節需等土壤確實風乾再充分澆水。

［特徵與栽培技巧］

屬名具有「銀白色葉片」的意思。不耐夏季高溫潮溼
環境，應注意夏季的管理工作。生長期也會因潮溼而
造成植株裂開，需置於通風良好的地方管理。嚴冬時
期氣溫低於0℃時，移至日照良好的室內。

金鈴 *Argyroderma delaetii*

冬生型

8cm

依個體開出不同
花色，有紅色、
粉色、黃色和白
色的花。大大的
花朵長得很像重
瓣大丁草。

Oscularia

光琳菊屬

番杏科

原產地：南非／栽培難易度：★★★／冬生型／
澆水：夏季休眠期每月澆水數次，快速浸溼周邊土壤。
其他季節需等土壤確實風乾再充分澆水。

［特徵與栽培技巧］

光琳菊屬是很小的屬，南非開普半島只有少數原生品
種。莖會慢慢木質化並分枝，形成矮木的樣貌。雖然
冬生型番杏科多肉不耐日本的嚴冬，但光琳菊屬在其
中屬於耐寒性比較好的植物，植株健壯且容易栽培。

琴爪菊 *Oscularia deltoides*

冬生型

11cm

具有長著小鋸齒
的葉片，其植株
會長成灌木。秋
冬季接收充足的
陽光後，葉子會
變紅。會開出粉
紅色的花。

Glottiphyllum

寶綠屬

番杏科

原產地：南非／栽培難易度：★★★／冬生型／
澆水：夏季休眠期每月澆水數次，快速浸溼周邊土壤。
其他季節需等土壤確實風乾再充分澆水。

［特徵與栽培技巧］

在南非已確認的品種約有60多種。有的葉片呈三稜形，
有的是舌狀的。在不耐日本嚴冬的冬生型番杏科多肉之
中，屬於耐熱性和耐寒性較好的類型，植株健壯且長得
很好。關東以西地區可在冬季室外栽培。

早乙女 *Glottiphyllum nelii*

冬生型

10cm

具有寬大的扇形
葉片。秋季黃花
搭配麝香葡萄綠
色的葉子，看起
來真美。

Stomatium
夜舟玉屬

番杏科

原產地：南非／栽培難易度：★★★／冬生型／
澆水：夏季休眠期每月澆水數次，快速浸溼周邊土壤。
其他季節需等土壤確實風乾再充分澆水。

[特徵與栽培技巧]

基本上很健壯且容易栽培，但因為不耐日本夏季高溫
潮溼環境，需要在半陰涼的通風處培育。在5℃～
20℃這種對人來說很舒適的氣溫中會長得很好。氣溫
低於5℃時，移至日照良好的室內。

Titanopsis
天女屬

番杏科

原產地：南非／栽培難易度：★★☆／冬生型／
澆水：夏季休眠期每月澆水數次，快速浸溼周邊土壤。
其他季節需等土壤確實風乾再充分澆水。

[特徵與栽培技巧]

原生於南非雨量少的乾燥地區。澆完水後，讓土壤確
實風乾是很重要的工作。植物為了在炎熱的環境中生
存，葉片前端的顆粒具有儲存礦物質和鹽分的功能。

Dinteranthus
春桃玉屬

番杏科

原產地：南非／栽培難易度：★★☆／冬生型／
澆水：夏季休眠期每月澆水數次，快速浸溼周邊土壤。
其他季節需等土壤確實風乾再充分澆水。

[特徵與栽培技巧]

生長模式與生石花很接近，也會出現脫皮等現象。建
議全年置於不淋雨、不接觸雪霜，且通風良好的明亮
處管理。夏季高溫多雨時，搭配遮光網於通風良好的
半陰涼處培育，也可以使用電風扇等工具。

Duthieae *Stomatium duthieae*

冬生型

10cm

葉片其中一面有
小小的突起，前
端帶有鋸齒，十
字對生，形狀整
齊。小小的葉片
充滿各式各樣的
訊息。

天女影 *Titanopsis schwantesii* 'Primosii'

冬生型

10cm

葉子前端有五角
形或六角形的白
色顆粒，可用於
儲存礦物質和鹽
分。春季到初夏
會開出黃花。

綾耀玉 *Dinteranthus vanzylii*

冬生型

7cm

照片中的植株還
很年輕，表面沒
有紋路，長大後
會出現很像生石
花的網狀圖案。

Trichodiadema
仙寶木屬

番杏科
原產地：南非／栽培難易度：★★★／冬生型／
澆水：夏季休眠期每月澆水數次，快速浸溼周邊土壤。
其他季節需等土壤確實風乾再充分澆水。

［特徵與栽培技巧］
仙寶木屬多肉在南非的分布很廣，大約有50種品種。
特徵是葉子很小，前端有細細的刺。根莖部會隨植株
生長而變大，是一種塊根植物。較能承受日本冬季
低溫，順利栽培就能養得長久。

White fl. *Trichodiadema* sp.

冬生型
7 cm

仙寶木屬也被稱
為天然的盆栽。
莖幹和枝條會隨
著植株生長而變
粗，形成有趣的
枝條形狀。

Nananthus
角鯊花屬

番杏科
原產地：南非／栽培難易度：★☆☆／冬生型／
澆水：夏季休眠期每月澆水數次，快速浸溼周邊土壤。
其他季節需等土壤確實風乾再充分澆水。

［特徵與栽培技巧］
具有多肉性質的葉子，葉片橫切面呈三角形。生長速
度較慢，不會快速變長，但根莖部會愈長愈肥大，形
成塊根植物的樣貌。原產地南非中部大約有10種稀有
品種。

品種名不明 *Nananthus* sp.

冬生型
7 cm

葉子的其中一面
有小斑點。雖然
現在看起來還不
太穩固，但是幾
年後會長成漂亮
的塊根植物。

Echinus
碧玉蓮屬

番杏科
原產地：南非／栽培難易度：★☆☆／冬生型／
澆水：夏季休眠期每月澆水數次，快速浸溼周邊土壤。
其他季節需等土壤確實風乾再充分澆水。

［特徵與栽培技巧］
碧玉蓮屬的多肉品種很稀有，目前在南非南端的已知
品種只有5種。不耐夏季高溫潮溼環境，夏季應置於
半陰涼且通風良好的地方，盡可能地控制澆水量。冬
季需置於氣溫維持在0℃以上的地方。也有人認為玉蓮
屬是白浪蟹屬。

碧魚蓮 *Echinus maximiliani*

冬生型
12 cm

碧魚蓮是很有人
氣的品種，像魚
嘴一開一合的樣
子真可愛。有點
不易栽培，需要
細心照料。喜歡
水分，乾燥後應
充分澆水。

Frithia
晃玉屬

番杏科
原產地：南非／栽培難易度：★☆☆／
夏生型（接近春秋生型）／
澆水：土壤確實風乾再充分澆水。冬季休眠期減少澆水。

［特徵與栽培技巧］
番杏科中很少見的夏生型多肉植物。應小心注意溫度
管理，避免出錯。冬季氣溫低於5℃時，移至日照良好
的室內斷水。8月盛夏時期以外的時間，都要放在日照
通風良好的地點培育。

光玉 *Frithia pulchra*

頂部葉窗及棒狀
葉片表面上有無
數個白色斑點。
除了盛夏時期不
能受到強光直射
之外，其他時間
需要充足陽光。

Bergeranthus
仙女花屬

番杏科
原產地：南非／栽培難易度：★★☆／冬生型／
澆水：夏季休眠期每月澆水數次，快速浸溼周邊土壤。
其他季節需等土壤確實風乾再充分澆水。

［特徵與栽培技巧］
在南非的乾燥地帶生長，葉片會儲存充分的水分，是
健壯結實的品種。仙女花屬比較耐寒，在關東以西的
地區栽培時，植物可以在戶外過冬。

照波錦 *Bergeranthus multiceps f. variegata*

冬生型
8cm

新芽是萊姆綠色
的，長大後會變
成沉穩的綠色。
細長的尖葉會出
現群生現象。

Ruschia
舟葉花屬

番杏科
原產地：南非／栽培難易度：★★☆／春秋生型／
澆水：夏季休眠期每個月一次。
其他季節需等土壤確實風乾再充分澆水。

［特徵與栽培技巧］
原生於南非的小型種。冬季為休眠期，夏季則是半休
眠期。相比更能承受冬季低溫，關東以西可以在戶外
栽培。重點工作是夏季高溫多雨的預防對策，應在不
淋雨且通風良好的地點管理。

刺鱗 *Ruschia indurata*

春秋生型
7cm

膨厚的小葉片十
字對生，感覺相
當整齊。可採取
分株法或扦插法
繁殖。

Agave

龍舌蘭屬

天門冬科

原產地：以墨西哥為主的美國南部到中美洲／栽培難易度：★★★／夏生型／
澆水：春秋季土壤風乾後充分澆水。冬季斷水，每個月澆一次水。

［特徵］

可以欣賞到每個品種各自的特色，例如葉片前端的尖刺、修長窈窕的葉片或美麗的斑紋。日本最初引進的品種是錦斑（*Agave americana*），並將其取名為「龍舌蘭」。

［栽培技巧］

原產地位於乾燥地帶，雨季和夏季多雨時期必須多加注意，需將植物移至不會淋到雨的地點。有耐寒、可戶外地栽的類型，也有不耐低溫的類型（氣溫低於5℃時需放在日照良好的室內）。

龍舌蘭（別名：美洲龍舌蘭）
Agave americana

夏生型　10cm

在原產地會長到3公尺以上。耐寒性很強，日本仙台以西的海岸地區也有野生化的龍舌蘭。

蕾絲龍舌蘭
Agave bovicornuta

夏生型　10cm

紅褐色的尖刺散發一股野性氛圍。寬大的弧形葉片也很好看。

瀧雷
Agave 'Burnt Burgundy'

夏生型　15cm

勃艮第酒紅色的葉緣點綴修長的葉片，相當時尚有型。

Celsii Nova
Agave 'Celsii Nova'

夏生型　10cm

葉緣有紅褐色的尖刺，搭配帶點藍色調的葉片，帶給人高貴的印象。會長出子株繁殖。

Column

龍舌蘭的浮水印與生長痕跡

　　以龍舌蘭為首的多肉植物中，有些植物的葉片上附著白色髒污般的紋路。這種紋路被稱為浮水印，澆水時不小心淋到葉片，水分蒸發後便會留下這種痕跡（→澆水時儘量不要淋到葉子）。

　　除此之外，龍舌蘭身上還會出現另一種難以解釋的花紋。葉片中央有小小的拱形線條（右方特寫照），這種花紋是龍舌蘭的生長痕跡。葉子還小的時候，層層交疊的葉片上有尖刺的痕跡，葉子展開生長後，痕跡依然會保留下來。雖然很想將它們擦乾淨，但這麼做卻會傷到葉子，因此請絕對不能擦掉痕跡。

藍色帝王
Agave 'Blue Emperor'

夏生型　13cm

葉子是深綠色的，上面布滿黑色的尖刺。整體給人一種暗沉低調的感覺。

類鋸齒龍舌蘭
Agave dasylirioides

夏生型　12cm

尖刺不會太顯眼，葉片的形狀很修長，是相當美麗的品種。

異型龍舌蘭
Agave difformis

夏生型　15cm

葉片外側有手繪般的條紋。另外還有尖刺是黑色的類型。

多絲龍舌蘭
Agave filifera ssp. *multifilifera*

夏生型　10cm

Filifera系的特徵是葉子周圍長有白色的絲狀纖維（filament）。

雙花龍舌蘭
Agave geminiflora

夏生型　14cm

細細的葉片上有絲狀纖維。葉片富有彈性且往外展開，搭配絲狀纖維形成很有動態感的氛圍。

帝釋天
Agave ghiesbreghtii

夏生型　10cm

具有葉肉肥厚的硬葉。葉片的前端和葉緣上的尖刺十分銳利。

Rancho Soledad
Agave gigantensis 'Rancho Soledad'

夏生型　10cm

灰綠色葉片，邊緣有褐色尖刺。長大後蓮座直徑、植株高度超過1公尺。

甲蟹龍舌蘭
（別名：雷帝）
Agave isthmensis

夏生型

15cm

外徑不到30公分的龍舌蘭，外型卻威風凜凜。長得很像棱葉龍舌蘭，有時兩者容易搞混。甲蟹龍舌蘭的葉子較短，布滿尖刺的葉片前端呈波浪狀，鋸齒的刻痕很深，整體散發著狂野的氣息。有許多變種、亞種及園藝種。

王妃雷神錦
Agave isthmensis 'Ouhi Raijin' f. *variegata*

夏生型　10 cm

嫩草色與白中斑之間呈現出美麗的對比。錦斑不耐夏季直射的陽光。應放在半陰涼處管理。

西曼尼龍舌蘭×甲蟹龍舌蘭
Agave hyb.

夏生型　10 cm

整體外型接近西曼尼龍舌蘭，尖刺似乎是繼承甲蟹龍舌蘭的形態。

華竹潘紅
Agave kerchovei 'Huajuapan Red'

夏生型　12 cm

紫雲龍的園藝種。紅色系的葉片在龍舌蘭中是很少見的顏色。

五色萬代
Agave lophantha 'Quadricolor'

夏生型　10 cm

具有深綠色、綠色、線狀圖案的顏色、錦斑奶油色及尖刺的紅褐色，顏色交疊出美麗的樣貌。

小企鵝
Agave macroacantha 'Little Penguin'

夏生型　10 cm

八荒殿的園藝種，特徵是葉片前端長長的尖刺。

奧卡龍舌蘭
Agave ocahui

夏生型　10 cm

有細長的葉片、紅褐色的葉緣及尖刺。這就是龍舌蘭的簡單美感。

棱葉龍舌蘭
Agave potatorum

夏生型　13 cm

波浪形的蓮花座真是美麗。具有各式各樣的變種和亞種，也是許多品種的父母本。

藍卡美龍
Agave potatorum 'Cameron Blue'

夏生型　13 cm

紅褐色的長刺和整齊的形狀令人印象深刻。具有很明顯的龍舌蘭「生長痕跡」。

貝殼龍
Agave potatorum 'Cubic'

夏生型　15 cm

棱葉龍舌蘭的石化品種。有的葉子是十字形的，有的尖刺分成兩半，異樣的形狀真是魅力十足。

吉祥冠錦
Agave potatorum 'Kisshoukan' f. *variegata*

| 夏生型 | 21 cm |

吉祥冠具有各式各樣的錦斑，這款是覆輪斑。斑紋和紅褐色的爪子呈現華麗的對比。

龍爪
Agave pygmaea 'Dragon Toes'

| 夏生型 | 10 cm |

特徵是布滿白粉的葉子及龍爪般的銳利鋸齒。

Salmiana Crassispina
Agave salmiana ssp. *crassispina*

| 夏生型 | 10 cm |

鋸齒之間的間隔很寬，葉子上生長痕跡的起伏也很平緩。

Shrevei Magna
Agave shrevei ssp. *magna*

| 夏生型 | 10 cm |

大型龍舌蘭。地栽可長到2公尺以上，外型相當有氣勢。

吹上
Agave stricta

| 夏生型 | 10 cm |

細軟的葉片呈放射狀展開。外型不太像龍舌蘭，也有變種和亞種。

嚴龍
Agave titanota

| 夏生型 | 10 cm |

具有銳利的長刺，可說是龍舌蘭中最強的尖刺。尖刺一開始是褐色的，顏色會愈長愈白。

厚葉龍舌蘭
Agave victoriae-reginae

| 夏生型 | 12 cm |

特徵是葉片稜線形成的白色邊框，令人印象深刻。會大量生出子株群生。

沃庫龍舌蘭
Agave wocomahi

| 夏生型 | 10 cm |

採取地栽會長到超過2公尺。耐寒性強，可在寒冷地以外的地方過冬。

酒天童子
Agave xylonacantha

| 夏生型 | 10 cm |

植株長大後，尖刺和葉緣都會出現類似白色鬍鬚的東西。

Albuca

哨兵花屬

天門冬科

原產地：南非／栽培難易度：★★★／春秋生型／
澆水：秋季到春季土壤風乾後充分澆水。
夏季每個月一次，澆到表土溼潤的程度。

[特徵與栽培技巧]

哨兵花屬是球根植物，秋季到春季期間迎來生長期。喜歡陽光，需提供充足的日照。許多品種的地上莖會在夏季休眠期枯萎，並只留下球根。在澆水方面，夏季接近斷水，秋季葉子變長後開始積極澆水。

哨兵花 *Albuca humilis*

春秋生型

11 cm

洋蔥般的球根長出細細的葉子。耐熱也耐寒，為強壯、夏季會殘留葉子的類型。開花期在春季。

Ornithogalum

虎眼萬年青屬

天門冬科

原產地：南非／栽培難易度：★★☆／春秋生型／
澆水：秋季到春季土壤風乾後充分澆水。
夏季每個月一次，澆到表土溼潤的程度。

[特徵與栽培技巧]

虎眼萬年青屬是球根植物，葉子的外型很獨特有趣，有些葉片纖細修長，有些呈現圓柱形。基本上應在「秋季種植」，但需要個別確認品種的差異。秋季葉子生長後開始澆水。夏季休眠期進行斷水，在半陰涼且通風良好的地點管理。

毛葉海蔥 *Ornithogalum hispidum*

春秋生型

11 cm

葉子上有軟毛，初夏開出白花。開完花後進入休眠期，秋季葉片還會繼續生長。

Sansevieria

虎尾蘭屬

天門冬科

原產地：非洲／栽培難易度：★★★／夏生型／
澆水：春秋季土壤風乾後充分澆水。
冬季斷水，每個月一次。

[特徵與栽培技巧]

虎尾蘭屬具有漂亮的葉片，有些品種的葉緣呈紅色，有些葉子上有錦斑。春秋季期間宜放在日照良好的戶外。原產地氣候乾燥，但亦能承受潮溼環境；可是不耐寒，氣溫低於10℃時需移到日照良好的室內。

佛手虎尾蘭 *Sansevieria boncellensis*

夏生型

10 cm

葉片左右交互開成扇形，外型十分獨特，是很奇特的存在。不耐低溫。

Drimiopsis
油點百合屬

天門冬科

原產地：南非／栽培難易度：★★★／夏生型／
澆水：春秋季土壤風乾後充分澆水。
葉子脫落，只剩球根後開始斷水，直到下個春季為止。

［特徵與栽培技巧］

曾被歸類在「風信子科（Hyacinthaceae）」，當作球根
植物來栽培會比較容易理解。春秋季應置於日照良好
的地點，並給予充足的水分。氣溫開始下降後慢慢減
少澆水量，葉片全部掉落後開始斷水。

闊葉油點百合 *Drimiopsis maculata*

夏生型

8 cm

初夏長出花莖並
開出白色小花
（穗狀花序）。氣
溫下降後落葉，
隔年春季再次發
芽。

Bowiea
蒼角殿屬

天門冬科

原產地：南非／栽培難易度：★★☆／夏生型、冬生型／
澆水：夏生型在春秋季需等土壤風乾再充分澆水。
冬生型秋季到春季充分澆水。

［特徵與栽培技巧］

蒼角殿屬多肉是一種塊根植物，其肥厚的根莖部具有
儲存水分與養分的功能。生長期會從塊根中延伸藤蔓
並長出葉子，會開出白色的小花。屬於容易栽培的類
型，但蒼角殿屬有分夏生型和冬生型，因此栽培時需
要參考圖鑑等資料加以確認。

蒼角殿 *Bowiea volubilis*

夏生型

11 cm

褐色薄皮下方有
翡翠色的球根。
當藤蔓變成褐色
並開始枯萎脫落
後，慢慢地減少
澆水量，全部掉
落後開始斷水。

Ledebouria
油點花屬

天門冬科

原產地：南非／栽培難易度：★★★／夏生型／
澆水：春秋季土壤風乾後充分澆水。
葉子脫落，只剩球根後開始斷水，直到下個春季為止。

［特徵與栽培技巧］

一般認為油點花屬是球根植物。春秋季應置於日照充
足的地點，也要提供充足的水分。氣溫開始下降後慢
慢減少澆水量，葉子全部掉落後便要斷水。雖然比較
耐寒，但冬季放在室內管理比較安全。

銀豹 *Ledebouria socialis* 'Violacea'

夏生型

10 cm

不規則的點點令
人印象深刻。初
夏會開出很像鈴
蘭的花，呈總狀
花序。

Pachypodium

棒錘樹屬

夾竹桃科

原產地：馬達加斯加、非洲／栽培難易度：★☆☆／夏生型／
澆水：春季到秋季期間，盆土完全風乾數日後充分澆水。
葉子開始掉落後減少澆水；落葉後斷水，直到長出新葉為止。

［特徵］	［栽培技巧］
棒錘樹屬在塊根植物中特別受歡迎，是具有肥大莖部的塊莖植物。有的莖是筒狀的，有的扁平寬大，多樣化的外型使愛好者的內心雀躍不已。但不同品種的栽培重點各不相同，需要多加注意。	植株健康生長多年，最後卻栽培失敗的主要原因出在澆水過度，以及受強烈陽光直射。除了在日照通風良好的地方栽培，其他方面也要下功夫，例如雨天時移至屋簷下，夏天搭配遮光網等。

惠比須笑　夏生型

Pachypodium brevicaule

塊莖橫向生長成平坦的樣貌十分特別，是很受歡迎的品種。原產地是標高1400～2000公尺的岩山。惠比須笑原生於岩石地的縫隙或乾燥的平原，生長速度非常慢是一大特點。不耐日本夏季高溫多雨及冬季寒冷的環境，梅雨季到夏季需使用電風扇等器具管理，以免植株悶壞了。

`8 cm` 栽培2年

`9 cm` 栽培5～10年

`20 cm` 數十年終於變成這個大小。

開出黃花。

象牙宮　夏生型

Pachypodium rosulatum var. *gracilius*

屬名Pachypodium是來自希臘文的「pachy（肥厚／粗胖）」和「pous（腳）」的組合詞。象牙宮是人氣品種，渾圓肥大的根莖簡直就像「粗胖的腳」，外型真是可愛。會開出黃色的花。若要養出健康長壽的象牙宮，訣竅在於不能過度澆水。需在通風良好的地方培育。

`8 cm` 栽培2～3年還是普通大小。

`10 cm` 經過數十年。莖幹變圓了。

自原產地馬達加斯加的山上取得，並引進日本的植株。種入培養土，等待植株發根。

畢之比
Pachypodium bispinosum

| 夏生型 | 18㎝ |

尖刺是由枝條前端的托葉變化而來。夏季開出鈴狀的粉色花朵，看起來真可愛。

亞阿相界
Pachypodium geayi

| 夏生型 | 14㎝ |

特徵是尖銳的刺，葉片表面有薄薄的細毛。雖然不耐寒，但很健壯且易於栽培。

筒蝶青
Pachypodium horombense

| 夏生型 | 18㎝ |

大照片是栽培數十年的樣子，小照片是栽培2年的植株。因為根部很細，冬季休眠期每個月需少量澆水一次。

非洲霸王樹
Pachypodium lamerei

| 夏生型 | 10㎝ |

長得很像亞阿相界，但非洲霸王樹的葉子上沒有細毛。共同點是植株健壯且易於栽培。

光堂
Pachypodium namaquanum

| 夏生型 | 8㎝ |

莖幹很像胖胖的瓶子搭配波浪型的絨毛，看起來真美。雖然很受歡迎，但卻不太容易栽培。

羅斯拉棒槌樹
Pachypodium rosulatum

| 夏生型 | 14㎝ |

棒錘樹屬的代表種，羅斯拉棒槌樹的基本種。會開出黃色的花。有許多變種和亞種。

象牙玉
Pachypodium rosulatum var. *eburneum*

| 夏生型 | 18㎝ |

羅斯拉棒槌變種的花色各有不同。象牙玉會開出白花。

常綠瓶幹
Pachypodium rosulatum var. *cactipes*

| 夏生型 | 10㎝ |

羅斯拉棒槌的變種之一，特徵是表皮比其他品種更偏紅。會開出黃花。

天馬空
Pachypodium succulentum

| 夏生型 | 20㎝ |

長得非常像畢之比，需利用花朵的差異加以區分。花瓣的凹痕很深，看得到很明顯的5片花瓣。

Sinningia

豔桐草屬

苦苣苔科

原產地：非洲、中南美洲／栽培難易度：★★☆／夏生型／
澆水：春季到秋季期間，土壤風乾後充分澆水。
葉子開始掉落後減少澆水量，落葉後開始斷水，
直到長出葉子為止。

[特徵]

從圓扁的塊莖長出粗胖
的莖。莖葉表面有細小
的軟毛。具有顏色鮮豔
的筒狀花朵，用於吸引
作為傳粉者的蜂鳥。冬
季休眠期葉子會脫落，
春季則冒出新芽。

[栽培技巧]

雖然無法承受盛夏時期
強烈的直射陽光（可用
遮光網等工具製造半陰
涼環境），但基本上是喜
歡陽光的。春秋季冒出
新芽到葉子掉落期間，
應該儘量讓植株多曬一
點太陽。冬季移至日照
良好的室內。

Florianopolis *Sinningia 'Florianopolis'*

夏生型

8cm

葉子長得很像薄荷葉，背
面布滿白色的毛。經過多
年後，塊根和葉子都愈長
愈強壯。

斷崖女王 *Sinningia leucotricha*

夏生型

10cm

莖和葉上長著細密的毛，
看起來就像天鵝絨一樣；
會開出筒狀的紅花，葉子
和花呈現美麗的對比。照
片的植株已栽培4年左右。

Othonna

厚敦菊屬

菊科

原產地：非洲、中南美洲／栽培難易度：★★☆／
接近春秋生型的冬生型／
澆水：春季到秋季期間，土壤風乾後充分澆水。
夏季休眠期，葉子開始掉落後減少澆水量，落葉後斷水。

[特徵]

主要的原產地是南非。
具有粗大的塊莖，豐富
多樣的形狀真是魅力十
足。秋冬季會長出長長
的花莖與花柄，並且開
出花朵。

[栽培技巧]

塊根植物有粗大的莖和
根原本是長在地底下的
部分，因此需避免長時
間受到陽光直射。雖然
休眠期斷水是很基本的
管理方式，但是有許多
厚敦菊屬品種的根部很
細，所以每個月應該少
量澆水一次。

卡拉菲厚敦菊 *Othonna clavifolia*

冬生型

9cm

粗大的塊莖長出飽滿又細
長的葉子。雖然原產地的
植株大多呈球狀，但日本
的環境無法養出圓形的植
株。

灌木厚敦菊 *Othonna furcata*

冬生型

12cm

furcata在拉丁文中有「分
歧」的意思。這種分枝是
它的特點。在澆水方面，
全年需保持乾燥。

Sarcocaulon

龍骨葵屬

牻牛兒苗科

原產地：南非、納米比亞／栽培難易度：★★☆／春秋生型／
澆水：春季到秋季期間，土壤風乾後充分澆水。
夏季休眠期葉子開始掉落後減少澆水，落葉後斷水。

[特徵]	[栽培技巧]
在原產地的沙塵暴、乾燥氣候以及強烈日曬之下，有厚度與光澤感的表皮可以保護植物的身體。以前的原住民會將易於燃燒的枯莖用於篝火或引火柴，因此亦有「Bushmans Candle」的英文稱呼。	原產地位於沙漠地帶。最適合在春季與秋季生長，初冬需置於陽光直射且通風良好的地點管理。盛夏時期使用遮光網等工具；冬季除了寒冷或降雪量多的地區不適合以外，可在其他地區的戶外栽培，但是必須防範北風。

Portulaca

馬齒莧屬

馬齒莧科

原產地：中南美洲等地／栽培難易度：★★★／夏生型／
澆水：春季到秋季土壤風乾後充分澆水。冬季減少澆水量。

[特徵與栽培技巧]

部分品種會在土中長出小塊根。應置於日照通風良好的地點培育。因不耐低溫環境，氣溫低於5℃時需移至日照良好的室內。日本的露地栽培地經常會看到大花馬齒莧，大花馬齒莧也是馬齒莧屬的一員。

龍骨葵 *Sarcocaulon patersonii*

春秋生型　　12cm　　凹凸不平的枝條長滿尖刺，上面有小葉子及細小花朵，真是魅力十足。

金錢木 *Portulaca molokiensis*

夏生型　　11cm

原本是夏威夷的特有種。特徵是交互生長的圓葉。由於不耐寒，冬季需要放在室內管理，並且進行斷水。

毛球馬齒莧 *Portulaca werdermannii*

夏生型　　9cm

原產自巴西。整體布滿白色絲線的模樣相當獨特。會開出一日花，5～10月反覆開花。

Avonia
回歡龍屬

馬齒莧科

原產地：非洲／栽培難易度：★★☆／接近春秋生型的冬生型／澆水：春季到秋季期間，土壤完全風乾後充分澆水。梅雨季到夏季斷水，置於避光且通風良好的地點管理（每月少量澆水一次）。

[特徵與栽培技巧]

特徵在於葉片上附著魚鱗般的托葉。原生於非洲極度乾燥的地帶，非常不耐潮溼環境。全年需放在日照通風良好的地點，保持乾燥的管理條件。塊根生長速度慢，一年只會長幾毫米。

白花韌錦 *Avonia quinaria* ssp. *alstonii*

冬生型

10 cm

只會在初夏晴天傍晚日落前的幾小時內開花。生長速度慢，這顆植株已栽培10年左右。

Operculicarya
蓋果漆屬

漆樹科

原產地：只在馬達加斯加島與葛摩群島／栽培難易度：★★☆／夏生型／澆水：春季到秋季土壤風乾後充分澆水。葉子開始掉落後減少澆水，落葉後斷水，直到長出新葉為止。

[特徵與栽培技巧]

經過多年的時間後，枝幹會變粗且粗糙不平，外型彷彿迷你版的巨木。生長速度慢。全年應在日照良好的地方管理。表皮底下的葉綠素也會在冬季休眠期行光合作用，因此需盡量曬到陽光。

象足漆樹 *Operculicarya pachypus*

夏生型

12 cm

年輕植株的塊根雖然不大，但會在多年後持續變粗。象足漆樹被稱為塊根植物之王，是很受歡迎的品種。

Fockea
水根籐屬

夾竹桃科

原產地：非洲南部／栽培難易度：★★★／夏生型／澆水：春季到秋季土壤風乾後充分澆水。葉子開始掉落後減少澆水，落葉後斷水，直到長出新葉為止。

[特徵與栽培技巧]

塊根是儲存水分和養分的部位，居住在乾燥地區的原住民會採收塊根作為重要的食用植物。澆水時應特別注意，即使在生長期也不能過度澆水，否則可能會造成植株腐壞。應在日照通風良好的地點管理。

火星人 *Fockea edulis*

夏生型

13 cm

塊根的表面有突起物。因不耐寒的關係，氣溫低於5℃時放在日照良好的室內。

Dorstenia

琉桑屬

桑科

原產地：美洲大陸、非洲大陸、印度熱帶地區／
栽培難易度：★★★／夏生型／
澆水：春秋季土壤風乾後充分澆水。
冬季斷水，每個月少量澆水一次。

［特徵與栽培技巧］

原產地有小型株，也有大型的高樹。環境適應力強，
易於栽培。有許多可自己授粉結果的品種，果實成熟
後會彈開並讓種子飛出去。在寒冷地區的植物，冬季
需置於日照良好的室內管理。

臭桑 *Dorstenia foetida*

夏生型
10 cm

夏季會開出形狀
奇特的花朵，可
自行授粉並長出
種子，成熟後會
彈射出去。是生
命力強的品種。

Stephania

千金藤屬

防己科

原產地：東南亞與太平洋群島的熱帶地區／
栽培難易度：★★★／夏生型／
澆水：春秋季土壤風乾後充分澆水。冬季斷水。

［特徵與栽培技巧］

生長在陰暗的熱帶雨林中，喜歡微弱的光線。可利用
遮光網等工具避光，放在明亮的半陰涼處管理。塊根
不能受到強烈的陽光直射，這點需要特別注意。氣溫
低於5℃時移至室內斷水。

Venosa *Stephania venosa*

夏生型
18 cm

冬季會落葉，凹
凸不平的塊根會
在夏季以驚人的
速度長出藤蔓。

Alluaudia

亞龍木屬

刺戟木科

原產地：馬達加斯加／栽培難易度：★★★／夏生型／
澆水：夏季土壤風乾後充分澆水。
天氣轉涼並開始落葉後，慢慢減少澆水量，冬季完全斷水。

［特徵與栽培技巧］

馬達加斯加的特有種。特徵是莖幹和枝條上有尖銳的
刺。可承受高溫和直射的陽光。耐寒性低，氣溫低於
5℃時需移至日照良好的室內。春季長出葉子後逐漸增
加澆水次數，讓植株適應環境。

亞龍木 *Alluaudia procera*

夏生型
8 cm

枝條上新長的葉
片與地面保持水
平狀態，隔年葉
子會在同一個地
方垂直生長。

回歡龍屬［馬齒莧科］／蓋果漆屬［漆樹科］／水根籐屬［夾竹桃科］／琉桑屬［桑科］／千金藤屬［防己科］／亞龍木屬［刺戟木科］

Adenia

假西番蓮屬

西番蓮科

原產地：非洲、馬達加斯加、亞洲熱帶地區／栽培難易度：★★☆／夏生型／澆水：春秋季土壤完全風乾後充分澆水。葉子開始脫落時逐漸減少澆水量，完全掉落後斷水。

[特徵與栽培技巧]

除了有許多藤蔓類型的品種之外，地上莖的形狀也很豐富多變。藤蔓型品種長太長時需要加以修剪。原產地的環境很多樣，有乾燥的荒地也有森林的深處，需要多加注意的是栽培條件會根據品種而有所不同。

幻蝶蔓 *Adenia glauca*

夏生型

10cm

如果植株長成細長的樹狀，以胴切法砍掉一定的長度後，就能變成更接近圓形塊莖的樹木形狀。

Dioscorea

薯蕷屬

薯蕷科

原產地：世界各地的熱帶、亞熱帶地區／栽培難易度：★★☆／接近春秋生型的冬生型／澆水：夏末到初春時期，土壤風乾後充分澆水。休眠期斷水。

[特徵與栽培技巧]

薯蕷屬有許多品種被作為食用作物，部分品種則栽培成園藝作物。原生於乾燥荒地或疏林草原。生長時間比一般冬生型多肉提早一個月左右。櫻花花期到梅雨結束期間為休眠期，梅雨季過後開始長出新芽。

龜甲龍 *Dioscorea elephantipes*

冬生型

12cm

心形葉片和粗糙的塊根之間形成一種反差感。裂縫會逐年加深，逐漸變成龜甲的圖案。

Pseudolilthos

凝蹄玉屬

夾竹桃科

原產地：非洲東部、阿拉伯／栽培難易度：★☆☆／夏生型／澆水：春秋季土壤完全風乾，數日後充分澆水。天氣轉涼後慢慢減少澆水，冬季接近斷水。

[特徵與栽培技巧]

凝蹄玉屬是很稀有的屬，從非洲東部到阿拉伯，目前已知有7種品種。外型很奇特，呈現饅頭的形狀。無法承受強烈直射的日光，也不耐低溫和潮溼環境，需放在不會淋雨、明亮半陰涼、通風良好的地點管理。

凝蹄玉 *Pseudolithos migiurtinus*

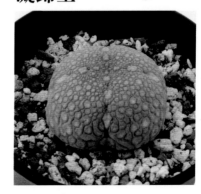

夏生型

12cm

外型好像綠色的饅頭。原生於極度乾燥的地帶，因此通風良好的管理條件尤其重要。

Anacampseros

回歡草屬

馬齒莧科

原產地：南非、墨西哥／栽培難易度：★★★／春秋生型／
澆水：春秋季土壤風乾後充分澆水。盛夏與嚴冬時期，每個月澆水一次。

[特徵]

回歡草屬的形狀很特別，有的具有膨厚的小葉子，一顆接著一顆；有的莖像蛇一樣生長延伸。雖然生長速度慢，但是很健壯且易於栽培。種子很容易摘取，可作為多肉植物播種的入門品種。

[栽培技巧]

應置於日照通風良好的地點。盛夏時不耐高溫潮溼環境，夏季可以放在半陰涼處或使用遮光網來調整光線。冬季氣溫低於5℃時，需移到日光充足的室內過冬。

細長群蠶

Anacampseros arachnoides

春秋生型 | **8 cm**

深紫色葉片的周圍有蜘蛛絲般的白線。會長出子株群生。初夏開出紫色的花。

茶笠

Anacampseros baeseckei var. *crinite*

春秋生型 | **7 cm**

夏季開花並產生種子，種子不僅可採收，有時還會自然播種，在不知不覺間開始繁殖。

櫻吹雪

Anacampseros rufescens f. *variegata*

春秋生型 | **8 cm**

吹雪之松的錦斑品種。從種子開始栽培也能長得很好，初夏會開出許多粉紅色的花。

Senecio

黃菀屬

菊科

原產地：非洲、印度、墨西哥等乾燥地帶／栽培難易度：★★★／
基本上是春秋生型。品種有些接近夏生型，有些接近冬生型，休眠期不盡相同。／
澆水：春秋季土壤風乾後充分澆水。休眠期也要每個月澆水數次。

[特徵]	[栽培技巧]
世界各地約有2000種黃菀屬植物，黃菀屬多肉大約有80種。有的葉子又圓又小，有的葉子很像箭頭，有許多葉形奇特的品種。花的顏色也很豐富，有紅色、黃色、紫色及白色。	有夏季休眠和冬季休眠的類型，但兩者的生長期都是「春秋季」，應根據類型調整遮光及溫度等管理。由於葉子很細，不耐潮溼，也不耐極度乾燥，因此休眠期也需要澆水，每個月少量數次。

七寶樹
Senecio articulatus

春秋生型
10 cm

外型十分特別，好像小黃瓜串。夏季休眠期應斷水，需放在通風良好的半陰涼處管理。

紫蠻刀 （別名：紫章、紫龍）
Senecio crassissimus

春秋生型
8 cm

蛋形的葉片上有薄薄的白粉，邊緣呈現紫紅色。春季會開出典型的菊花。

翡翠珠
Senecio rowleyanus

春秋生型
10 cm

鈴鐺般的圓葉低垂生長，經常用於混植中。夏季需置於半陰涼處管理。

銀月
Senecio haworthii

春秋生型
8 cm

布滿白色的細毛的模樣真是美麗動人。不耐潮溼環境，需以調整通風條件、重新修剪等方式加以照料。夏季進入休眠期。

天龍
Senecio kleinia

春秋生型

10 cm

莖的形狀相當特別。原產地加那利群島流傳著「觸摸莖部就能得到幸福」的傳說。夏季是休眠期。

劍葉菊
Senecio kleiniiformis

春秋生型

8 cm

品種名相當符合葉片的形象。不耐高溫潮溼的環境，冬季耐寒性稍強。建議在氣溫達0℃時移至室內。

普西利菊
Senecio saginatus

春秋生型
（接近冬生型）

7 cm

從莖的前端等部位大量分枝，表面的紋路也很特別。土壤中有巨大的塊根。屬於接近冬生型的春秋生型。

抱月
Senecio scaposus var. 'Hougetsu'

春秋生型
（接近冬生型）

10 cm

新月的變種，葉子前端呈飯勺般的形狀。生長期也要小心避免過度澆水。是接近冬生型的春秋生型。

藍粉筆
Senecio serpens

春秋生型

8 cm

在春秋季提供充分的陽光，夏季則進行遮光。冬季雖然需要移到室內，但天氣暖和時可在戶外曬太陽。

鐵錫杖
Senecio stapeliformis

春秋生型

7 cm

植株只會冒出莖部，黃菀屬有許多這種類型的植物。由於土裡會長出塊根，因此需使用大盆栽培育。

Orbea

豹皮花屬

夾竹桃科

原產地：非洲／栽培難易度：★★☆／夏生型／
澆水：春秋季盆土完全風乾後充分澆水。隨後逐漸減少澆水，氣溫低於10℃時完全斷水。
櫻花開花期開始慢慢澆水。

[特徵]	[栽培技巧]
曾經是蘿藦科。特徵是粗大的莖及成排的尖尖突起物，會直接從莖部開出海星般的花。前蘿藦科的傳粉媒介是蒼蠅，因此許多品種的花會散發不好聞的氣味。	春秋季應放在日照通風良好、不淋雨的戶外地點，但由於不耐直射的陽光，需放在屋簷下或使用遮光網。另外要注意的是潮溼環境。冬季氣溫低於5℃時移至陽光充足的室內。

黃花尾花角
Orbea caudata

夏生型

8 cm

比莖還銳利的尖刺真搶眼。黃色花瓣像尖刺一樣細，氣味相當濃烈。

Namaquensis
Orbea namaquensis

夏生型

8 cm

植株會開出直徑6～8公分的大花朵，非常有魄力。靠近一看會發現花朵上長著細毛。

尖耳豹皮花
Orbea semitubiflora

夏生型

8 cm

具有顯眼的尖刺，莖部有焦褐色的紋路。會開出花瓣很細、帶有氣味的深朱色花朵。

黃花賽莫塔
Orbea semota var. *lutea*

夏生型

8 cm

黃色的花呈海星的形狀，花瓣邊緣有白色的毛，會從低矮的莖部基底開出花朵。

一眼難忘
前蘿藦科的花朵

花朵會利用獨特的氣味吸引蟲類，達到授粉目的。
蘿藦科的花形怪異、華麗、奇特又有趣，有如某種會在夜晚活動的生物。
接下來將介紹具有豐富色彩、花紋與質感的蘿藦科花花世界。

月兒

紅唇劍龍角

斑馬蘿藦

魔星花

Korat
Crimson

眼斑劍龍角

黃花賽莫塔

Paniculata

粉紅眼

美花角

Namaquensis

什麼是前蘿藦科？

　　現在已經沒有「蘿藦科」類別。蘿藦科是「恩格勒植物分類系統」的科目，1998年新的植物分類法「APG分類法」公開，蘿藦科在此分類法得到採納後便消失了。蘿藦科在APG分類法中屬於「夾竹桃科」，被分類於豹皮花屬、星鐘花屬之類的屬當中。

　　不過，現在仍會看到一些販售多肉植物的店家將其標記為「夾竹桃科（蘿藦科）」。或許長久以來使用的「蘿藦科」一詞，不論是對多肉愛好者還是店家來說都更有親切感。

Huernia

星鐘花屬

夾竹桃科

原產地：非洲至阿拉伯半島／栽培難易度：★★☆／夏生型／
澆水：春秋季盆土完全風乾後充分澆水，而後逐漸減少澆水，氣溫低於10℃時完全斷水。
櫻花開花期開始慢慢澆水。

[特徵]	[栽培技巧]
前蘿藦科。原產地的區域約有50種品種。有稜有角的莖部有尖尖的突起物或針狀物，莖部還會冒出星星或海星形狀的花。上面有肥厚的葉肉、妖艷的顏色及點點圖案，看起來彷彿是人造物。	春秋季應放在日照通風良好、不淋雨的戶外地點，但是它們不耐直射的陽光，因此需放在屋簷下或使用遮光網。另外需多加注意潮溼環境。冬季氣溫低於5℃時移至陽光充足的室內。

蛾角
Huernia brevirostris

夏生型　10cm

會密集生長出5公分高的莖。夏季開出有
點點花紋的黃花，5片花瓣組成星形。

月兒
Huernia hislopii

夏生型
8cm

莖部有白色的小
尖刺，好像怪獸
的爪子。米黃色
的花朵上有紅色
斑點。

紅唇劍龍角
Huernia insigniflora

夏生型
8cm

植株通常不會長
太大，莖往地面
傾倒生長。會開
出黃色配紅色的
花，看起來很像
食品模型。

Korat Crimson

Huernia 'Korat Crimson'

| 夏生型 | 8 cm |

莖部有圓形的斑點花紋。會開出妖艷的花朵，彷彿擦著大紅色口紅的嘴唇。

Korat Star

Huernia 'Korat Star'

| 夏生型 | 8 cm |

莖部有堅硬的刺。會開出黃色的花，上面有薄雲般的粉色斑點花紋。

魔星花

Huernia macrocarpa

| 夏生型 | 9 cm |

頸部的刺是退化後的葉子，摸起來不會刺痛。會從根部開出紫紅色的花。

星鐘花屬［夾竹桃科］

眼斑劍龍角

Huernia oclata

| 夏生型 | 8 cm |

細細的莖部持續生長，呈現傾倒的樣子。會開出黃花，上面有紅色的點點斑紋。

阿修羅

Huernia pillansii

| 夏生型 |

| 11 cm |

莖部有密集細軟的尖刺。黃色的花朵上有細小的紅色圓點，以及細小的突起物。

粉紅眼

Huernia 'Pink Eye'

| 夏生型 | 8 cm |

會開出可愛的花，漸層珊瑚紅色的花上有細小的點點圖案。

斑馬蘿藦

Huernia zebrina

| 夏生型 |

| 8 cm |

斑馬蘿藦的基本種。分布地帶和原產地很廣泛，花朵具有豐富的變化。所有亞種或變種的花瓣都有斑馬紋。有些品種的花心有花紋或斑點，有各式各樣的變化。顏色會根據亞種或變種的類型而有差異。

Stapelia

犀角屬

夾竹桃科

原產地：南非、熱帶亞洲地區、中南美洲／栽培難易度：★★☆／夏生型／
澆水：春秋季盆土完全風乾後充分澆水。之後逐漸減少澆水，氣溫低於10℃時完全斷水。
櫻花開花期開始慢慢澆水。

[特徵]	[栽培技巧]
前蘿藦科。原生於非洲、熱帶亞洲地區的荒地或岩山等乾燥環境。會開出氣味很濃烈的花。	春秋季需置於日照通風良好、不淋雨的戶外場所，但因不耐陽光直射，需放在屋簷下或使用遮光網。另外要多加注意潮溼環境。冬季氣溫低於5℃時，移至陽光充足的室內。

布丁犀角
Stapelia divaricata

夏生型

8 cm

角狀的莖部很符合犀角屬的形象。會開出海星形狀的花，上面有白底搭配紅色斑點花紋。

大花犀角 （別名：大花魔星花）
Stapelia grandiflora

夏生型

8 cm

會開出很有氣勢的花，直徑超過10公分，上面有細細的紅條紋和濃密的毛。

Paniculata
Stapelia paniculata

夏生型

9 cm

莖的底部會開出深紅色的花。花瓣上有同色的顆粒狀小突起。

紅蘿藦
Stapelia schinzii

夏生型

8 cm

莖會在地上彎曲生長，並開出星形的花。花的顏色是大紅色，有深紅色的毛。

Caralluma
水牛角屬

夾竹桃科

原產地：非洲、阿拉伯半島、印度等地／栽培難易度：
★★☆／夏生型／澆水：春秋季盆土完全風乾後充分澆水。
之後逐漸減少澆水，氣溫低於10℃時完全斷水。
櫻花開花期開始慢慢澆水。

[特徵與栽培技巧]

花莖前端會開出幾朵花並組成球狀，花朵的生長方式
相當獨特。需置於不淋雨且日照通風良好的地點栽
培。冬季進行斷水，在溫暖的室內過冬。基本的栽培
技巧跟前蘿藦科多肉一樣。

美花角 *Caralluma crenulata*

夏生型

8 cm

花蕾開成星形的
花朵，看起來就
像摺紙一樣。之
後會折疊收合並
逐漸枯萎。花的
生長過程十分吸
引人。

Duvalia
玉牛角屬

夾竹桃科

原產地：非洲、阿拉伯半島／栽培難易度：★★☆／
夏天生型／澆水：春秋季盆土完全風乾後充分澆水。
之後逐漸減少澆水，氣溫低於10℃時完全斷水。
櫻花開花期開始慢慢澆水。

[特徵與栽培技巧]

有兩種類型的莖。一種是有尖刺、外型像前蘿藦科的
類型，另一種則有凹凸不平的渾圓莖部。兩種都會開
出星形或海星形的花。栽培技巧跟前蘿藦科多肉的基
本照料方式一樣。

蘇卡達蘿藦 *Duvalia sulcata*

夏生型

8 cm

灰綠色的莖部有
焦褐色的花紋。
會開出正紅色的
花。花瓣上有條
紋圖案，邊緣則
有紅色的毛。

Pilea
冷水麻屬

蕁麻科

原產地：全世界的熱帶與亞熱帶地區／栽培難易度：
★☆☆／夏生型／澆水：春夏季土壤風乾後充分澆水。
冬季每個月數次，快速加到土壤稍微溼潤的程度。

[特徵與栽培技巧]

有各式各樣的種類，從草本植株到矮灌木植株應有盡
有。葉子上有美麗的花紋，許多品種被培育成鑑賞用
的植物。耐熱性強但耐寒性差，氣溫低於10℃時，需
移到日照充足的室內。

露鏡 *Pilea 'Globosa'*

夏生型

10 cm

具有顆粒感小葉
子搭配更小的花
朵，真是可愛不
已。可以用來妝
點混栽。

Ceropegia

吊燈花屬

夾竹桃科

原產地：南非、馬達加斯加、熱帶亞洲地區／
栽培難易度：★☆☆／夏生型、春秋生型／
澆水：請注意，應根據生長類調整澆水方式。

［特徵］	［栽培技巧］
前蘿藦科。型態非常多變，有的莖呈現棒狀，有的塊根會長出藤蔓型的莖。有許多葉形奇特的品種，在蘿藦科中是散發著狂熱氣質的特色植物。會開出葫蘆狀的小花。	不論是栽培地點還是澆水方式，基本上都跟其他前蘿藦科植物一樣。藤蔓型的品種大多為春秋生型。因夏生型品種較不耐寒，當氣溫低於10℃以下時需移到日照良好的室內。

褐武臘泉 *Ceropegia bosseri*

> 夏生型
>
> 12 cm

這種外型簡直就是珍奇異草。小小的葉子很快就會脫落。夏季會開出葫蘆狀的花朵。

星盞吊燈花 *Ceropegia cimiciodora*

> 夏生型
>
> 8 cm

具有更奇特的樣貌。會長出非常小的葉子，以棒狀的姿態持續生長。

Peperomia

椒草屬

胡椒科

原產地：中南美洲、非洲、亞洲／
栽培難易度：★☆☆／春秋生型／
澆水：春秋季土壤風乾後充分澆水。
夏季與冬季稍微控制澆水量。

［特徵與栽培技巧］

在原產地的森林樹木等植物上附生的小型植物。目前以南美洲為主的已知品種有1500種以上。多肉類型的植物之中，有些品種也具有透明的葉窗。夏季不耐直射的陽光與潮溼環境，冬季耐寒性差，因此每個季節都需要細心照料。

仙城莉椒草 *Peperomia* 'Cactusville'

> 春秋生型
>
> 8 cm

葉子很像放有寒天的日式糕點，看起來真可愛。為避免葉子曬傷，需將直射的強光遮起來。

塔翠草 *Peperomia columella*

> 春秋生型
>
> 10 cm

椒草屬的超小型種。小葉子如念珠般堆疊，一根莖大約會長到10公分。

Dyckia

劍山之縞屬

鳳梨科

原產地：南美、非洲／
栽培難易度：★★★／夏生型／
澆水：春秋季土壤風乾後充分澆水。冬季休眠期斷水，每個月少量澆水一次。

[特徵]	[栽培技巧]
有銳利的尖刺，葉片很修長，呈現放射狀展開的形態。整齊的葉片與別緻的顏色充滿魅力，擁有許多狂熱的粉絲。近年來逐漸盛行交配種。植株很健壯，容易栽培。	春秋季應給予充足的日照。應置於日照通風良好、不淋雨的地方管理。最低氣溫低於5℃時需移到陽光充足的室內。

脆星
Dyckia 'Brittle Star'

夏生型　　9 cm
劍山之縞屬交配種中最知名的品種。深紫色的葉片、白粉花紋與尖刺呈現美好的平衡。

勃根地冰
Dyckia 'Burgundy Ice'

夏生型
9 cm
深紫色和深綠色互相交融出素雅的色調。整體覆蓋著小尖刺，給人一種俐落的感覺。

大馬尼爾白葉
Dyckia 'Gran Marnier White Foliage'

夏生型
9 cm
具有白色鬍子般的刺，整個植株上附著白粉。從中透出的深紫色也很有時尚感。

Tillansia

鐵蘭屬

鳳梨科

原產地：北美南部到中南美洲熱帶、亞熱帶／栽培難易度：★★☆／夏生型／
澆水：用噴水瓶淋溼整個植株，春秋季每2～3天一次，冬季1週～10天一次。

[特徵與栽培技巧]

野生地的鐵蘭屬會附生在樹枝上，從葉片或根部吸收夜晚的露水以及雨水。葉片表面有毛狀體（trichome），可保護植物不受強烈日照並獲得水分，根據密度差異分成銀葉系與綠葉系兩大類。

[栽培技巧]

基本栽培方式與其他多肉植物相同。放在戶外栽培時，建議氣溫為10℃～30℃。最高氣溫高於30℃時，移至通風良好的半陰涼處。最低氣溫低於5℃時移至明亮的室內。

貝可利
Tillandsia brachycaulos

夏生型
長度15cm

毛狀體較少的綠葉系，不耐夏季直射的陽光。陽光會造成葉片曬傷，因此夏季需放在半陰涼處。

小章魚
Tillandsia bulbosa

夏生型
長度15cm

綠葉種。植株呈壺形，底部有白色的毛狀體及紫色的線條。具有很受歡迎的美麗顏色。

卡比他他
Tillandsia capitata

夏生型
長度15cm

綠葉種。鐵蘭屬之中有許多會在開花期變色的品種，卡比他他是其中之一。

女王頭
Tillandsia caput-medusae

夏生型
長度20cm

銀葉系。植株底部是膨脹的壺形。彎曲的葉子間會長出花莖，開出紫色的花。

棉花糖
Tillandsia 'Cotton Candy'

夏生型　長度17cm

銀葉系。葉子之間會長出花莖，開出成串的花朵，有桃色的花苞和紫色的花瓣。

費西古拉塔
Tillandsia fasciculata

夏生型

長度25cm

綠葉系。大約會長到接近80公分。葉片逐漸以放射狀橫向展開，形成噴泉般的葉形。

Fuchsii
Tillandsia fuchsii f. *gracilis*

夏生型　長度14cm

銀葉系。具有纖細的葉片，直徑大約為1毫米。會從中央長出修長成串的小花。

哈里斯
Tillandsia harrisii

夏生型　長度18cm

銀葉系的代表性品種。會開出很大的花朵，橘色花苞上有紫色的花瓣。

小精靈
Tillandsia ionantha

夏生型　長度8cm

有許多變種和亞種。有葉片細長的瓜地馬拉、葉片肥厚短小的墨西哥。

紅三色
Tillandsia juncifolia

夏生型

長度25cm

綠葉系。具有時尚的細長葉片。銀葉系的大三色（juncea）是很相似的品種。

酷比
Tillandsia kolbii

夏生型　長度10cm

銀葉系。特徵是葉片會朝同一個方向彎曲。葉片會在開花期轉紅。

大天堂
Tillandsia pseudobaileyi

夏生型　長度18cm

綠葉系。具有細而堅硬的葉片，各自朝不同方向生長。外型十分獨特。

三色
Tillandsia 'Tricolor'

夏生型　長度16cm

綠葉系。植株健壯且易於栽培。但需注意的是底部容易積水，積水會造成植株受傷。

Mammillaria

銀毛球屬

仙人掌科

原產地：北美西南部、南美、加勒比海地區／栽培難易度：★★★／夏生型／
澆水：春秋季土壤轉乾後充分澆水。盛夏、初春、晚秋時，土壤風乾數日後澆水。冬季每月一次。

[特徵]	[栽培技巧]
又稱乳突球屬，屬名源於拉丁文「疣粒」一詞。原生於沙漠地帶，喜日照強烈、通風良好，以及排水性佳的土壤。擁有不同樣貌的尖刺類型，有軟毛也有強刺，且會開出顏色鮮豔的花朵。	應置於日照通風良好、不淋雨的地點。沙漠白天雖熱，夜晚卻很冷，因此銀毛球屬耐熱也耐寒，無法適應潮溼和熱帶夜。夜間氣溫超過25℃需移至涼爽的室內，冬季則擺在日照充足的窗邊。

澄心丸

Mammillaria backebergiana

夏生型

9 cm

刺座會長出象牙色的尖刺，開出冠狀的鮮豔花朵，非常符合銀毛球屬的形象。

卡爾梅納

Mammillaria carmenae

夏生型

7 cm

從一個個疣突中長出的尖刺是它的特徵。白色和粉色的花散發著可愛的氛圍。

金星仙人球

Mammillaria elongata

夏生型

7 cm

會長出子球並出現群生現象。特徵是具有微微後彎的尖刺。有黃色、紅褐色等多種色彩。也有很多綴化品種。

麗光殿

Mammillaria guelzowiana

夏生型

7 cm

具有絨毛般的白毛，其中有彎曲的紅刺（鉤刺），看起來像鉤子。

玉仙人球
Mammillaria hahniana

夏生型　9㎝

形狀圓滾滾的，上面布滿白色的毛。將水澆在周圍的土壤上，避免淋到白毛。

克氏丸
Mammillaria hernandezii

夏生型　7㎝

一顆顆的疣突上長有刺座，刺座上有尖刺。具有明顯是銀毛球屬的形狀特徵。

白鳥
Mammillaria herrerae

夏生型　7㎝

尖刺朝內側呈現放射狀，形成一種造形的美感。春季會開出粉色的花，花朵排成花環的樣子。

金洋丸
Mammillaria marksiana

夏生型　7㎝

特徵是有光澤感的綠色表面，以及長在疣突之間的絨毛。冬季結束後開出黃色的花。

明星
Mammillaria schiedeana f. *monstrosa*

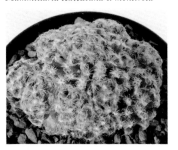

夏生型　7㎝

石化的明星，尖刺是白色的類型。疣突會密集生長。

奇隆丸
Mammillaria spinosissima 'Pico'

夏生型　9㎝

表面是有光澤感的綠色，上面有整齊的疣突，散發著獨特的氣息。粉色的花排成花環的樣子。

猩猩丸
Mammillaria spinosissima

夏生型　9㎝

冠狀花朵是銀毛球屬的特徵。尖刺是由紅到白的美麗漸層色。

銀毛球
Mammillaria gracilis

夏生型

7㎝

就像是蕾絲布料上長著花，帶著一股清新感。大量繁殖子株，出現群生現象。

Astrophytum

有星屬

仙人掌科

原產地：墨西哥到北美洲西南部／栽培難易度：★★★／夏生型／
澆水：春秋季土壤風乾後充分澆水。盛夏、初春、晚秋時期，土壤風乾數日後澆水。冬季每月一次。

[特徵]

屬名源於希臘語的astro（星）與phyton（木）。自古以來就是很熱門的仙人掌。自100多年前經過栽培、品種改良後，目前已有許多交配種。不耐強烈的陽光直射，夏季應進行遮光管理。

[栽培技巧]

需置於日照通風良好、不淋雨的地方。原生於白天熱、夜晚冷的乾燥地帶。耐熱性及耐寒性佳，但是不耐日本的熱帶夜。熱帶夜應置於涼爽的室內，冬季則移至陽光充足的窗邊。

超兜
Astrophytum asterias 'Super Kabuto'

夏生型
7 cm

「星紅仙人球」的改良種，特徵是白色絨毛般的塊狀斑點。相較於星紅仙人球，其白點更大更密集。

般若
Astrophytum ornatum

夏生型
7 cm

具有尖銳的刺及陡峭的稜。是很有氣勢的品種。在野生地可長到1公尺以上，經過好幾年才會開花。

碧琉璃鸞鳳玉
Astrophytum myriostigma var. *nudum*

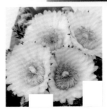

夏生型 18 cm

鸞鳳玉有許多變種、亞種、交配種，碧琉璃鸞鳳玉是其中之一。沒有作為鸞鳳玉特徵的白點，表面呈現霧面的綠色，上面有條紋圖案，稜上具有絨毛。

Gymnocalycium

裸萼屬

仙人掌科

原產地：阿根廷、烏拉圭、巴拉圭、玻利維亞／栽培難易度：★★★／夏生型／
澆水：春秋季土壤風乾後充分澆水。盛夏、初春、晚秋時期，土壤風乾數日後澆水。冬季每月一次。

[特徵]

特徵是巨大的刺與多樣化的形狀。刺座會長出子株。開花期為春季到秋季。頂部的刺座會長出短花莖，開出粉色、紅色、黃色等顏色的大花。

[栽培技巧]

應置於日照通風良好、不會淋雨的地點。原生於草原地帶，因此比其他仙人掌更不耐強烈的光線，需多澆一點水。夏季使用遮光網等工具，冬季則移至日照充足的窗邊。

翠晃冠

Gymnocalycium anisitsii

夏生型

7 cm

仔細觀察葉色會發現是深紫與灰綠的漸層色。春季到秋季期間陸續開花。

Zegarrae

Gymnocalycium pflanzii ssp. *zegarrae*

夏生型

7 cm

具膨厚的圓稜，上面突出銳利的漂亮尖刺。外型呈現絕妙的平衡感，是很受歡迎的品種。

新天地

Gymnocalycium saglionis

夏生型　　7 cm　　長得很像Zegarrae，但新天地具有更明顯的稜、更長的刺。

159

Echinopsis

仙人球屬

仙人掌科

原產地：南非／栽培難易度：★★★／夏生型／
澆水：春秋季土壤風乾後充分澆水。
盛夏、初春、晚秋時期，土壤風乾數日後澆水。冬季每月一次。

［特徵］

巴西、阿根廷等南美洲的已知物種大約有數百種，大多原生於岩石之間，或是排水性佳、混有沙子的土地。日本從大正時期開始栽培，一般民宅門口也能見到仙人球屬植物。植株健壯且易於栽培。

［栽培技巧］

應置於日照通風良好、不會淋雨的地點。比其他仙人掌更難承受強烈日照，需多澆一點水。夏季需使用遮光網等工具，冬季則移至日照充足的窗邊。

金盛丸 *Echinopsis calochlora*

夏生型
7 cm

具有圓圓的身形，上面有金黃色的刺。完全符合仙人掌的樣貌。經年累月後才會開花。會開出大朵的白花。

大豪丸 *Echinopsis subdenudata*

夏生型
7 cm

尖刺並非它的特色，稜上有成排的刺座，刺座上的絨毛才是其魅力所在。夏季前會開出大大的白花。

Turbinicarpus

升龍球屬

仙人掌科

原產地：墨西哥／栽培難易度：★★★／夏生型／
澆水：春秋季土壤風乾後充分澆水。
盛夏、初春、晚秋時期，土壤風乾數日後澆水。冬季每月一次。

［特徵］

其野生地只有墨西哥一處，全部除了15個物種之外，還有許多亞種和變種。有各種不同形狀的刺，有筆直型的，也有彎曲型的。屬於白天開花的類型，會開出很大朵的花。

［栽培技巧］

雖然墨西哥的氣溫並不會跟日本差距很大，但降雨量卻很少。應置於日照通風良好、不會淋雨的地方。比其他仙人掌更難承受強烈日照。夏季時使用遮光網等工具，冬季移至日照良好的窗邊。

蕉城丸 *Turbinicarpus krainzianus*

夏生型
7 cm

亂澎澎的尖刺是它的特徵，很像老人的鬍子。夏季開出檸檬黃色的花。

精巧殿 *Turbinicarpus pseudopectinatus*

夏生型
7 cm

軟軟的刺朝內側生長，可保護植株不受強烈日照。春季會開出大大的紫紅色花朵。

Tephrocactus / Thelocactus

灰球掌屬／天晃玉屬

仙人掌科

原產地：阿根廷、智利、玻利維亞／
栽培難易度：★★★／夏生型／
澆水：春秋季土壤風乾後充分澆水。
盛夏、初春、晚秋時期，土壤風乾數日後澆水。冬季每月一次。

[特徵]

從仙人掌屬分出來的灰球掌屬有15種。具有球形和橢圓形的植物，呈群生狀。種子上帶有羽毛，可以飛得很遠。天晃玉屬是從仙人球屬中分出來的屬，目前已知物種有10種以上，形狀呈圓筒形或球形。頂部會開花。

[栽培技巧]

需置於日照通風良好、不會淋雨的地點。比其他仙人掌更難承受強烈日照，需澆多一點水。夏季需要使用遮光網等工具，冬季則移至日照充足的窗邊。

習志野 *Tephrocactus geometricus*

夏生型

11 cm

渾圓的球體層層疊疊地生長。經常曬太陽可能變成紅色。

大白丸 *Thelocactus macdowellii*

夏生型

7 cm

雖然乍看之下很像銀毛球屬（p.156），但花朵在頂部集中生長，不會排成花環的形狀。植株會自行授粉，種子也會脫落。

Rhipsalis

絲葦屬

仙人掌科

原產地：北美南部到南美大陸的熱帶地區／
栽培難易度：★★★／春秋生型／
澆水：雖喜歡潮溼環境，但土壤不可過溼。春秋季土壤風乾後充分澆水。夏季每月2～3次。冬季接近斷水（採室內管理，乾燥時使用噴水瓶澆水）。盛夏、初春、晚秋時期，土壤風乾數日後澆水。冬季每月一次。

[特徵]

附生植物。在原產地區的高山上以附著在樹木或岩石的方式生存。特徵是莖部具有竹子般的節，隨著植株生長，莖部會愈來愈下垂。會開出奶油色或白色的小花，可自行授粉並結出果實。果實內部有種子。

[栽培技巧]

雖然可以在熱帶地區的潮溼環境中生存，但種入土中的情況下，需等土壤風乾再澆水，以免土壤持續處於潮溼的狀態。氣溫低於10℃需移至陽光充足的室內。採取扦插法時，應沿著莖節進行修剪。

布里頓與蘿絲 *Rhipsalis* 'Britton and Rose'

春秋生型

11 cm

新芽帶有紅色，長著許多尖刺，長大的部分會變成綠色，刺會大量脫落。

朝之霜 （別名：毛果葦仙人掌） *Rhipsalis pilocarpa*

春秋生型

7 cm

莖部會隨植物生長而變長，變成鮮豔的綠色。具有小小的刺座與白色的尖刺，看起來就像撒滿砂糖一樣，因此有了這個名稱。

Rebutia

翁寶屬

仙人掌科

原產地：玻利維亞、阿根廷／栽培難易度：★★★／夏生型／
澆水：春秋季土壤風乾後充分澆水。
盛夏、初春、晚秋時期，土壤風乾數日後澆水。冬季每月一次。

［特徵］	［栽培技巧］
原生於海拔1200～3600公尺的高山岩石之間。雖然很像疣突的銀毛球屬，但會從植株底部或疣突側邊開花，不會開出冠狀的花。會開出漏斗狀的花朵。不耐強烈直射的陽光，應在夏季進行遮光管理。	應置於日照通風良好、不會淋雨的地點。不耐夏季直射的陽光與潮溼環境，需使用遮光網等工具管理。冬季低於5℃時移至日照充足的室內。

Lophophora

烏羽玉屬

仙人掌科

原產地：德克薩斯州、墨西哥／栽培難易度：★★★／
夏生型／澆水：春秋季土壤風乾後充分澆水。
盛夏、初春、晚秋時期，土壤風乾數日後澆水。冬季每月一次。

［特徵］	［栽培技巧］
烏羽玉屬是很小的屬，已知的原種只有3種，但經過品種改良後有了獨特的交配種。雖然沒有刺，但卻含有毒性成分，可防止植物遭遇蟲害。有地下塊根，莖部呈低矮的球體。	應置於日照通風良好、不會淋雨的地點。不耐夏季直射的陽光與潮溼環境，需使用遮光網等工具管理。冬季低於5℃時，需要移至日照充足的室內。

黃花寶山 *Rebutia minuscula* var. *aureiflora*

夏生型

9 cm

特徵是植株底部會開出黃花。有時會出現花繞著植株開花的現象。

perplexa *Rebutia perplexa*

夏生型

9 cm

大量長出子株，出現群生現象。會開出淡紫色的美麗花朵，以自花授粉的方式結果，種子會脫落。

翠冠玉 *Lophophora diffusa*

夏生型

13 cm

胖嘟嘟的感覺，看起來很像大福。澆水時要小心避免淋到刺座的毛。

子吹烏羽玉錦

Lophophora williamsii 'Caespitasa' f. *variegata*

夏生型

10 cm

烏羽玉的園藝種，這株個體具有不斷長出子株的特性。形狀凹凸不平，很有特色。

Epithelantha
清影球屬

仙人掌科

原產地：墨西哥、美國／栽培難易度：★★★／夏生型／
澆水：春秋季土壤風乾後充分澆水。
盛夏、初春、晚秋時期，土壤風乾數日後澆水。冬季每月一次。

[特徵與栽培技巧]

小型仙人掌，原生於沙漠地帶的岩石陰影之下。莖部
有密密麻麻的刺座及細細的刺，整體看起來偏白是其
特徵。生長速度慢，但有許多群生型的品種。群生株
較容易悶壞，需要特別注意通風管理。

月世界 *Epithelantha micromeris* ssp. *bokei*

夏生型

7 cm

特徵是密集生長
的細小白刺，幾
乎要看不到莖部
表面了。有群生
型（下方照片）
的亞種。

Eriosyce
極光球屬

仙人掌科

原產地：南非／栽培難易度：★★★／夏生型、春秋生型／
澆水：春秋季土壤風乾後充分澆水。
盛夏、初春、晚秋時期，土壤風乾數日後澆水。冬季每月一次。

[特徵與栽培技巧]

原本的智利球屬與暗光球屬也包含在內，原生於海拔
0～3000公尺的乾燥地帶，由於海拔高度的差距，尖
刺或稜的數量範圍很廣。頂部會開出花朵。

銀翁玉 *Eriosyce nidus*

夏生型

9 cm

長長的白刺向上
延伸，修長的花
瓣彷彿噴泉般，
是外型很美麗的
品種。

Sulcorebutia
寶珠球屬

仙人掌科

原產地：波利維亞、阿根廷、墨西哥／栽培難易度：★★★／
春秋生型／澆水：春秋季土壤風乾後充分澆水。
盛夏與冬季斷水，每月1次～數次。

[特徵與栽培技巧]

許多品種原生於高海拔乾燥地帶，因此生長類型是春
秋生型，相較而言更能承受低溫，可放在大雪地帶或
寒冷地區以外的戶外過冬。反而必須注意的是盛夏時
期高溫潮溼、陽光直射的環境。

紫麗丸 *Sulcorebutia rauschii*

春秋生型

9 cm

莖的表皮顏色有
個體差異，有紫
紅色或綠色等顏
色。植株凹凸不
平，呈群生狀，
外型很受歡迎。

Stenocactus

薄稜玉屬

仙人掌科

原產地：墨西哥／栽培難易度：★★★／春秋生型、夏生型／
澆水：春秋季土壤風乾後充分澆水。
盛夏、初春、晚秋時期，土壤風乾數日後澆水。冬季每月一次。

[特徵與栽培技巧]

分布於墨西哥高度0～2800公尺的地區，遍布於地面。會從頂部開出小花。不會長出子株，授粉後結出果實，實生繁殖。夏季需進行遮光，雖較能承受低溫，但氣溫低於5℃時應移至日照良好的室內。

多稜玉 *Stenocactus multicostatus*

春秋生型

9cm

稜數最多會超過100個，獨樹一格的外型真是魅力十足。生長速度慢，從種子實生到首次開花，需經過4～5年的時間。

Parodia

錦繡玉屬

仙人掌科

原產地：南非／栽培難易度：★★★／春秋生型、夏生型／
澆水：春秋季土壤風乾後充分澆水。
盛夏、初春、晚秋時期，土壤風乾數日後澆水。冬季每月一次。

[特徵與栽培技巧]

具有凹凸不平、清楚明顯的稜；直刺型或曲刺型的刺，顏色也很多樣化，有黃色、白色、褐色等。植株會形成群體，但是實生繁殖，不會長出子株。花朵自行授粉結果，種子脫落。

雪晃 *Parodia haselbergii* ssp. *haselbergii*

夏生型

9cm

特徵是白色刺座與白色尖刺。春季開出紅花。夏季需注意陽光直射及高溫潮溼的環境。

Ferocactus

強刺屬

仙人掌科

原產地：北美南部到墨西哥／栽培難易度：★☆☆／夏生型／
澆水：春秋季土壤風乾後充分澆水。
盛夏、初春、晚秋時期，土壤風乾數日後澆水。冬季每月一次。

[特徵與栽培技巧]

具有大型刺座及厚厚尖刺的多肉植物，被稱為強刺類。有直刺型或曲刺型的刺，也有紅、黃、金、灰色等各種顏色。栽培要點在於強烈日照及良好的通風條件。會分泌許多花蜜，容易遭蟲類破壞，必須定期換盆。

神仙玉 *Ferocactus gracilis* var. *coloratus*

夏生型

6cm

是否能讓刺保持在銳利鮮豔的狀態是栽培重點。應經常曬太陽，避免潮溼。

Opuntia
仙人掌屬

仙人掌科

原產地：美國、墨西哥、南美洲／栽培難易度：★★★／夏生型／
澆水：春秋季土壤風乾後充分澆水。盛夏、初春、晚秋時期，土壤風乾數日後澆水。冬季每月一次。

仙人掌屬的莖部呈圓扇形或球形，互相交疊生長。對環境的適應能力佳，健壯且容易栽培。這裡介紹的兩個品種又稱為圓扇仙人掌、兔耳仙人掌，是相當熱門的品種。具有密集生長的細小逆刺，被刺到不僅感到疼痛，也很難取出刺，因此處理時要特別小心。

金烏帽子 *Opuntia microdasys*

夏生型
7 cm

別稱是黃金象牙團扇。

白烏帽子 *Opuntia microdasys* var. *albispina*

夏生型
7 cm

別稱是象牙團扇。

Cintia
惠毛球屬

仙人掌科

原產地：玻利維亞／栽培難易度：★☆☆／春秋生型／
澆水：春秋季土壤完全風乾再充分澆水。
夏季斷水，冬季少量澆水。

惠毛丸
Cintia knizei

春秋生型　7 cm

具有塞滿豆子般的奇特形狀。1996年正式收錄為新品種的新面孔。在日本的商業名為「napina錦」，是此品種被發現時的名稱。生長於玻利維亞3000公尺級的高山上，植株身體的大部分都在土中生長，不耐強烈日光與潮溼環境。光照很強烈時，需使用遮光網等工具加以保護。

Leuchtenbergia
光山玉屬

仙人掌科

原產地：墨西哥／栽培難易度：★★★／夏生型／
澆水：春秋季土壤風乾再充分澆水。
天氣轉涼後逐漸減少澆水量，冬季斷水。

光山
Leuchtenbergia principis

夏生型　9 cm

呈放射狀生長、長得像肥厚葉片的部分，是從普通仙人掌的「疣突」進化而來。因此前端具有刺座，而且會長出尖刺。長大後很像龍舌蘭的葉子。在分類上是一屬一種，是很獨特的品種。野生地位於半沙漠的草原地帶，應注意澆水與通風狀況，避免潮溼環境。

［多肉植物　用語指南］

APG分類法
全新建立的被子植物分類系統，取代以往的恩格勒植物分類系統和克朗奎斯特分類系統。1998年首次發表，而後經過多次修訂，2016年公開最新版的被子植物APG IV分類法（第4版）。其名為被子植物種系發生學組（Angiosperm Phylogeny Group）的字首。

換盆
將植株移植到其他盆栽。切除老根，舊土換新土。生長期前是最好的換盆時機。

王妃
在品種名之前加上「王妃」，有小型種的意思。例：王妃神刀、王妃雷神。

母株
扦插法或分株法中的原始植株。

塊莖
地下莖肥大，用於儲存養分而呈現塊狀。歐洲銀蓮花和仙客來有塊莖。多肉植物棒錘樹屬、天寶花屬之中，大多是地下莖或莖部肥大的塊莖種。

塊根
植物根部呈肥大的塊狀，具有儲存養分的功能。

花芽
長在莖部或枝條上，發育成花序的芽。經過生長變成花朵，普遍比葉芽更粗更圓。

花莖
直接從地下莖長出來，只有花、沒有葉的莖。例如蒲公英等植物。

花序
花在莖上的整體狀態或排列方式。例：總狀花序、穗狀花序等。

發根生長
扦插或移植後的植物長出新的根，開始吸水生長。

分株法
將子株從母株上分離並加以繁殖的方法。子株已生根，很少發生失敗的情況。

花柄
從莖部分枝，支持單一花朵的部分就是花柄。支撐複數花朵的柄則稱為花梗。

花瓣
通常在花朵中被稱為花瓣的部分。

花苞
為保護花芽（生長成花的芽）而出現葉的變態（→p.168），稱為「苞片」或「苞葉」。有些品種具有花瓣形的巨大苞片，也被視為觀賞用的植物。鳳梨科鐵蘭屬的苞片很大且色彩鮮豔，因此稱為「花苞」。

緩效性肥料
需經過時間溶解肥料成分，是具有長期效用的固態肥料。

灌水
提供植物水分。

寒冷紗
可蓋住植物達到防寒、防蟲、遮光效果。是將化學纖維編成網格狀的薄布料。

氣生根
本應生在土裡的根，從地上的莖部長出來。具有支持根、吸收根的作用，多肉植物在盆栽中長山大量的根，造成根部難以生長的情況下，有時莖部也會長出根。遇到這種狀況必須進行換盆。

球根
多年生植物的地下營養儲藏器官，具有在休眠期保護植物的功能。有鱗莖、塊莖、塊根、球莖等類型。

休眠期
多肉植物和仙人掌有各自生長旺盛的時期（生長期），以及停止生長的時期（休眠期）。物種生長於有乾溼期之分的地區，大多會在乾燥時期落葉，進入休眠狀態。

鋸齒
葉緣呈鋸齒狀的部分。鋸齒的尖端朝向葉片前端。

剪枝
將變長的枝條或莖剪短，使植株再次長出健康的枝條和莖。

莖
長在地面上，上面附著葉子，負責支持植物的身體。莖的內部有發達的維管束，維管束是水分與光合作用產物的通道。
⇔莖幹

鋪地植物
可鋪在地面上增加美觀度，或是防止土壤乾燥的植物。

群生
母株生出多個子株，集中生長的現象。

原產地
動植物的棲息地、產地。

原產球
在原產地採集的多肉植物或仙人掌，稱為「原產球」。日本近期的說法為「現地球」。

原種
品種改良植物的父母本或祖先，維持野生的狀態，未經過人為改造的物種。

交配
也就是「雜交」。不採用相同花朵的花粉，在不同物種或品種間授粉與受精。

交配種
在植物學中，將2個具有不同遺傳基因的個體互相「交配」的行為稱為「雜交」，雜交後會產生「雜交種」。不過，園藝世界大多將其稱為「交配種」。在日本，偶然交配的品種又被稱為「雜交配種」。

塊根植物
針對具有塊狀根莖特徵的多肉植物所使用的統稱。分類上包含夾竹桃科、菊科、馬齒莧科等多種「屬」。

子株
從母株根部長出，是已經生根的植株。

互生
葉片或枝條從一個地方，一次一個交互生長的狀態。⇔對生

長出子株
從母株長出側芽或匍匐莖。

扦插法
從母株剪下枝條或莖，將其插入用土中，使植株長出新根或新芽的繁殖方法。

扦插苗
進行扦插法或葉插法的枝條、莖或葉。

地栽
直接種在庭院、花壇、田地等地面。

自花授粉
植物用自己的花粉授粉並結出果實。又稱為自行授粉結果。可以自花授粉的品種即使只有一個植株也能輕易結果。透過其他植株結果的現象，則稱為異花授粉。

刺座
仙人掌科尖刺底部的綿狀部分。無刺的仙人掌一定也有刺座。英文稱為areole。→p.113

野生地
植物會持續繁殖的地方。即使不是原產地，只要植物在非人為管理下繁殖，即是「野生」。

修整
培育植木或盆栽等植物並加以整理形狀。將枝幹、枝條或葉片整理成目標形狀的過程即是修整工作。廣義而言，保養也包含在修整工作當中。

下葉
莖部下方的葉片。

遮光
用網子或布料遮擋直射的陽光。

遮光網
在陽光直射或高溫之下保護植物，專門遮蔽日光的網子。有多種遮陽比例及顏色，可根據用途加以選擇。在多肉植物的照顧方面，適合選擇遮光率50％左右的款式。

十字對生
從莖部長出對生的葉子，上下兩節的葉片各相距90°。由上而下觀看呈現十字排列。 →對生

白粉
→植物保護層

穗狀花序
長長延伸的花序軸上，由許多小花組成的花序。雖類似於總狀花序，但每朵小花並無花柄。

生長類型
將多肉植物的野生環境與日本氣候互相對照，依照植物生長最旺盛的季節，分成夏生、春秋生、冬生三大類型。

生長期
休眠後的多肉植物長出新芽，莖葉快速生長並開花的時期。

石化
→帶化

節間
植物長出葉片或枝條的部分稱為節，節與節之間稱為節間。節間的長度會根據植物的擺放環境而改變。比如說，日照不足會造成節間變長，發生徒長現象。

總狀花序
如多花紫藤般具有長長的花序軸，排列著許多具有花柄的花朵。

草本植物
通常被稱為草的植物。依據生長時期分成一年草、二年草及多年草。一年草和二年草會在1年或2年內開花、結果、枯萎，留下種子。多年草的地上莖即使在冬季枯萎，春季也會發芽，是多年生草本植物。⇔木本植物

帶化
有一種植物現象稱為「帶化」。植株的生長點因發生某種突變而呈現異樣形態。多肉植物是很容易發生帶化現象的植物，生長點以帶狀生長的現象稱為「石化（monstrosa）」；不斷分生的現象則是「綴化（cristata）」，兩者經常被混淆。（→石化、綴化）→p.47

對生
葉片或枝條從一處生長，呈現兩兩成對的狀態。⇔互生

托葉
構成葉片的器官，有葉狀、突起狀、刺狀等各式形態。具有包裹保護葉芽的功能。

多肉植物
為了儲存水分和養分，葉子、莖部、根部等部位「肉質化」的植物總稱。是園藝上的分類，並非植物分類學上的區分方式。

斷水
多肉植物或仙人掌進入休眠期時，力求減少澆水量。有些品種需要完全斷水，但有些品種的根很細或植株很小，休眠期必須以每月一次的頻率少量澆水。

地下莖
在地底生長的莖。十二卷屬或龍舌蘭屬的地下莖會長出新枝，冒出子株。有些植物的地下莖會變成粗胖的塊莖，具有儲存水分和養分的功能。

附生
根部不在土裡，種子在其他樹木或岩石上發芽，在其表面發根生長的植物。例如：仙人掌科絲葦屬、鳳梨科鐵蘭屬等植物。附生植物的概念與寄生植物不同，寄生植物會在其他植物體內生根，依靠該植物的水分和養分維生。

矮木
高度低於0.3～3公尺以下的木本植物。通常無法明確區分主幹與枝條，根部邊界會長出大量枝條。矮木又稱為灌木。樹木高度超過3公尺的植物則稱為高木。

綴化
→帶化

胴切法
將仙人掌等植物的球形、圓筒狀身體截斷。形狀歪掉時需要重新修整，這時會採取胴切法。 →p.58

刺
植物表面突起物的總稱，前端呈尖尖的針狀。根據刺的硬度或形狀分成「強刺」、「直刺」、「曲刺」、「鉤刺」等類型。仙人掌的刺是由托葉進化而來，減少水分從葉片蒸發。大戟屬或龍舌蘭屬等多肉植物的刺，有些表皮會產生變化，有些則會留下硬化的花柄，是枯萎後的殘留物。

徒長
日照不足會造成植物的枝條或莖變更長。

毛狀體
泛指植物的葉片、莖部、花朵上的細毛，因此被翻譯為毛狀體。不同植物的毛狀體具有不同的用途，例如：預防強光、防止表皮流失過多水分、預防小型害蟲等。

中斑
葉片中央的色素褪色現象。根據褪色部分的顏色差異，也被稱為白中斑或黃中斑。→錦斑

夏生型
→p.27

錦
錦斑品種的品種名後方多一個「錦」字，稱為「錦」。

根部腐壞
根部受傷的主要原因是過度澆水。這會造成植物無法正常發揮吸收水分的功能，放著不管會導致整株植物枯萎。

根部阻塞
澆完水之後，如果盆栽需要花更多時間排水，就會發生根部塞滿盆栽的情況。通風性和排水性變差會造成植物整體衰弱，應進行換盆。

培養土
混合多種用土後製成的土，調配出適合栽培植物的土壤。

葉插法
多肉植物特有的繁殖法，使一片葉子發芽或發根的生長方法。

枯花
花朵盛開後，枯萎的花瓣或雄蕊等部位。

葉片澆水
輕輕將葉片淋溼的澆水方式。葉片會吸收早晚露水的品種可偶爾採用這種澆水方式。此外，在葉片上淋水還能達到降溫的目的。葉片澆水後，應置於通風良好的地點，確實風乾殘留的水分。

葉片曬傷
葉子在豔陽下曝曬，表面溫度會突然提高，造成細胞遭到破壞。 →p.37

春秋生型
→p.26

半陰涼
可以接收日照，又能避免陽光直射的戶外明亮地點，例如屋簷底下。或者，在一天之中將植物置於日照處數小時。其中包含使用遮光網遮擋陽光的情況。 →p.21

斑紋
斑點圖案。

品種
以嚴謹的學名分類而言，一個物種當中還會區分成「亞種」、「變種」、「品種」。但一般提到「這個品種」，大多情況是單純泛指植物的種類。

錦斑

一種突變現象，指的是色素方面的變異。植物缺少正常狀態應有的色素，葉子原本是綠色的部分呈現白色或黃色。

覆輪

葉子邊緣外圍出現斑紋。　→錦斑

冬生型

→ p.27

植物保護層

水果或蔬菜的表皮、多肉植物的莖葉表面上白粉般的物質。植物體的表面覆蓋著角質層，白粉物質則是角質層的蠟，可防止微生物入侵、避免水分蒸發或侵入。

葉的變態

葉片的變化形態，具有不同於普通葉片的功能。有苞葉、儲藏葉、針狀葉、捕蟲葉、卷鬚葉等形態。

苞片

→花苞

葉窗

十二卷屬、肉錐花屬、生石花屬等多肉植物葉子上的透明部分。野生地有許多物種的植物體大部分埋於地底，它們只會在地表露出葉片前端的「葉窗」，利用葉窗吸收到的陽光行光合作用。

莖幹

莖的維管束木質部很發達，堅硬結實的多年生莖部稱為木本莖，特別粗壯的木本莖稱為「莖幹」。　⇔莖

莖幹直立

經常用於多肉植物生長狀態的詞。泛指植株往上縱向生長的樣子。有時也會出現「莖部直立」、「直立生長」等描述方式。

實生

由種子發芽的生長方式，而不是以扦插或嫁接的方式繁殖。此外，也有播種培育的意思。泛指以種子繁殖的植物。

繁殖體

腋芽（從葉子根部長出的芽）因儲存養分而肥大的部分，是一種植物的營養繁殖器官。繁殖體會從母株脫落發芽，並長成新的植物體。

木質化

植物的細胞壁有木質素的沉積，發生組織硬化現象。此現象稱為木質化。木質素是木材組成成分中很重要的高分子化合物。

木本植物

一般稱為樹或樹木。木質化的地上部生活多年，反覆開花結果，形成肥大的樣貌。⇔草本植物

葉序

植物的葉片在莖部上以固定的規律排列，有互生、對生等形式。

混植

在一個盆栽或容器中種植複數植株。

匍匐莖

莖的基底水平生長於地表，與匍匐枝不一樣，根部不會在途中落下。又稱為走莖。

商業名稱

高人氣品種或外觀有特色的品種，除了有學名和中文名之外，也有類似綽號的商業流通名。植物的別名。

稜

莖或果實表面的隆起物，呈線形或角狀。有稜品種的稜數大多是固定的。但有時也會出現不同數量，此現象稱為稜的變化，是十分珍貴的形態。

輪生

莖的各節有複數葉片。葉片數量固定的情況稱為三輪生、四輪生。

露地栽培

不使用溫室或溫床等特殊設備，在戶外耕地，接近大自然的環境下栽培的農業方式。

蓮座狀葉叢

原本是指根生葉集中生長，呈現放射狀的樣子。Rosette 是源於玫瑰（rose）形狀的詞語。也有許多植物以蓮座狀葉叢的形式過冬，例如蒲公英。

蓮座狀

擬石蓮屬、風車草屬 × 擬石蓮屬等植物的葉子展開呈現蓮座狀，以「蓮座狀葉叢」或「蓮座狀」形容其樣貌。

華盛頓公約

正式名稱為《瀕臨絕種野生動植物國際貿易公約》。1973 年在美國華盛頓制定此公約後，通稱為華盛頓公約。為避免國際間過度進行以商業為目的之交易，進而造成物種滅絕，華盛頓公約針對必須保護的野生動植物製作附錄清單，以瀕臨絕種的程度為依據，將附錄內容分成三部分，藉此規範國際貿易行為。收錄於附錄一的物種，原則禁止以商業為目的之國際貿易。

［學名的組成］

以「屬名＋種小名」為基本組成，屬名、種小名、亞種名、變種名以斜體方式表示，園藝品種名以正體表示。ssp.等縮寫以正體表示。

ssp.：亞種（subspecies）的縮寫
var.：變種（variety）的縮寫
f.：品種（folma）的縮寫

sp.：物種（species）的縮寫，種小名不明
hyb.：雜交種

（範例）　*Echeveria affinis*
　　　　　屬名　種小名

Agave filifera ssp. *multifilifera*
屬名　種小名　　　亞種名

Haworthia gracilis var. *picturata*
屬名　　種小名　　　變種名

Sedum lineare f. *variegata*
屬名　種小名　　　錦斑

Kalanchoe beharensis 'Latiforia'
屬名　　　種小名　　園藝品種名

［索引］

［英文］

Acre Elegans　78
Arachnoidea　96, 98
Brevifolium　79
Celsii Nova　130
Choveriba　99
Chrysantha　89
Cooperi（青鎖龍屬）　67
Cordata　67
Deminuta　58
Duthieae　127
Ficiforme　120
Florianopolis　138
Flow　94
Fuchsii　155
Fusilier　86
Galactor　61
Gilva薔薇　50
Glaucophyllum　80
Gracilis　100
Herreanthus　121
Hillebrandtii　79
Humilis　51
Hyaliana　51
Inconstantia　111
Kaffirdriftensis　104
King Star（原美麗蓮屬）　74
Korat Crimson　147, 149
Korat Star　149
Little Warty　95
Major（十二卷屬）　99
Milk Harmony　115
Namaquensis　146, 147
Napina錦　165
Notatum　121
Novahineriana×拉威雪蓮　54
Novicium　120
Nuda　84
Ollasonii　103
Pachyveria　75
Paniculata　147, 150
Paradoxa　102
Peaches and Cream　54
Peachmond　54
Perplexa　162
Pink Blush　92
Piorisu　55
Pixi　55
Platbakkies　122
Pubescens　69
Purpurea　80
Rancho Soledad　131

Resurgens　125
Reticulate　117
Runderii　58
Rupestris Large Form　70
Salmiana Crassispina　133
Sensepurupu　57
Shrevei Magna　133
Silver Pop　59
Skinneri　93
Socialis sp. Transvaal　70
Sorpcorymbosa　59
Stefco　82
Subglobosum　122
Top Red　118
Vanzylii　124
Vashogozae　61
Venosa　141
White fl.　128
Zegarrae　159

［日文］

ファロー　94

［1畫］

乙女心　35, 81
乙姬　67

［2畫］

二歧蘆薈　91
七福神　58
七寶樹　144
八千代　79
八寶錦　88
九輪塔　97
九頭龍　111
十二之爪　99
十二之卷　99, 108
十二之卷 短葉　100
十二之卷 超級寬帶　100
十二卷屬　33, 96

［3畫］

三色　155
三色葉　82
上海玫瑰　86
久米之舞　59
千代田之松　85
千金藤屬　141
大天堂　155
大文字　102
大白丸　161
大和姬　61
大和峰　60
大和薔薇　61

大花犀角　150
大花魔星花　150
大馬尼爾白葉　153
大戟科　109
大戟屬　109
大窗磨砂玻璃 達摩玉露　97
大豪丸　160
大銀龍　115
大衛　67
大藍　50
大藍（綴化）　50
女王頭　154
子吹烏羽玉錦　162
子持蓮華　34, 77
子貓之爪　77
子寶錦　95
小人祭　41
小叮噹　77
小企鵝　132
小米西　68
小米星　70
小美女　73
小章魚　154
小熊座　93
小精靈　155
小寶石　73

［4畫］

不夜城蘆薈　92
五色萬代　132
五重之塔　106
公主洋裝　103
升龍球屬　160
天人之舞　63
天女雲　124
天女影　127
天女屬　127
天使之淚　82
天門冬科　130
天津玉露　98
天晃玉屬　161
天馬空　137
天章　42
天賜　125
天賜木屬　125
天錦章屬　42
天龍　145
太平洋騎士　86
孔雀丸　110
幻之塔　106
幻蝶蔓　142
戈登石窟　50
方仙女之舞　62
日之線　122

日高圓扇八寶 88	史普鷹爪 105	白樺麒麟 112
日蓮之盃 62	史普鷹爪系交配種 105	白麗 106
日輪玉 116	史普鷹爪系交配種KAPHTA 105	皮克大 33, 103, 108
月世界 163	奶油酪梨 45	皮刺蘆薈林波波 90
月兒 147, 148	巧克力豆 40	石榴蓮 67
月兔耳 64	巧克力兔耳 64	石蓮掌 58
月花美人錦 85	巨大赤線 97	石頭花 119
月亮仙子 45	巨兔耳 65	立方霜 48
月迫薔薇 52	布丁犀角 150	立方霜（綴化） 48
月影 49	布里頓與蘿絲 161	
月影（十二卷屬） 106	布朗玫瑰 46	[6畫]
月影（擬石蓮屬） 49	布萊恩馬金 43	光山 165
毛折鶴 76	永樂 42	光山玉屬 165
毛果葦仙人掌 161	玉牛角屬 151	光之玉露 97
毛姬星美人 80	玉仙人球 157	光玉 129
毛球馬齒莧 139	玉彥 120	光堂 137
毛葉海蔥 134	玉彥 121	光琳菊屬 126
水牛角屬 151	玉梓 98, 105	冰雪萬象 102
水根藤屬 140	玉葉 82	吉祥冠錦 133
水晶之地 47	玉綠 106	吉魯巴 61
水滴玉 122	玉蓮 80	吊燈花屬 152
火星人 140	玉麟寶（大戟屬） 110	回憶露 54
火柱 50	瓦松屬 77	回歡草屬 143
火唇 50	瓦蓮屬 89	回歡龍屬 140
火祭 53, 66	生石花屬 116, 123	多多 49
火祭之光 66	生石花屬雜交種 119	多絲龍舌蘭 131
火鳥 91	甲蟹龍舌蘭 131	多稜玉 164
爪系 48	白石 84	安吉麗娜 82
王妃神刀 69	白光龍 95	尖耳豹皮花 146
王妃雷神黃錦 132	白羊宮 102	早乙女 126
王妃綾錦 90	白肌玉露 97	有星屬 158
王宮殿 121	白牡丹錦 72	朱比特 52
	白芙蓉 50	朱唇玉 118
[5畫]	白花紫勳 118	朱蓮 62
仙人之扇 62	白花韌錦 140	灰色紫勳 118
仙人之舞 62, 63	白花蘆薈 90	灰球掌屬 161
仙人球屬 160	白長須 106, 108	百惠 86
仙人掌科 156	白帝城 100	老樂 55
仙人掌屬 165	白星臥牛 32, 94	肉桂月兔耳 65
仙女之舞 62	白美人 76	肉錐花屬 120
仙女花屬 129	白香檳 60	舟葉花屬 129
仙城莉椒草 152	白浪蟹屬 128	艾格利旺 71
仙寶木屬 128	白鳥帽子 165	西曼尼龍舌蘭×甲蟹龍舌蘭 132
冬之星座 Papillosa 103	白紋琉璃殿 101	西莉亞 67
冬之星座×春之潮 103	白鬼（大戟屬） 111	西番蓮科 144
加勒比遊輪 46	白鬼（擬石蓮屬） 60	
卡比他他（鐵蘭屬） 154	白雪公主 58	[7畫]
卡比塔塔蘆薈（蘆薈屬） 91	白雪姬臥牛 94	伽藍菜屬 62
卡拉菲厚敦菊 138	白雪畫卷 101	佛手虎尾蘭 134
卡美拉 100	白鳥 157	佛甲草屬 78
卡爾梅納 156	白斑玉露錦 98	佛甲草屬×擬石蓮屬 83
古斯特 50	白銀之舞 63	佛指草屬 126
古紫 44	白鳳 51	克氏丸 157
	白蝶 99	克拉夫 31, 67

索引

克拉拉　47
克雷克×史普鷹爪　101
克麗奧佩脫拉×梅比烏斯　103
冷水麻屬　151
吹上　133
夾竹桃科　136, 140, 144, 147～152
沃庫龍舌蘭　133
沙羅姬牡丹　57
狂野男爵　45
狄氏大戟　110
角鯊花屬　128
貝可利　154
貝拉　74
貝信麒麟　113
貝殼龍　132
赤水玉　43
赤色風暴　46
邦比諾　45
里加　56
防己科　141

[8畫]
亞阿相界　137
亞龍木　141
亞龍木屬　141
京之華　99
初戀　71
初戀（綴化）　71
刺戟木科　141
刺鱗　129
坦尚尼亞紅　114
夜舟玉屬　127
奇峰錦屬　88
奇隆丸　157
尚森　57
帕魯巴　105
抱月　145
拉姆雷特　56
拉姆雷特（綴化）　56
拉威雪蓮　52
招福玉　119
昂斯諾　54
明星　157
東雲×花麗　44
松之雪　96
松之葉萬年草　80
松球麒麟　110
松塔掌屬　93
松葉景天　81
松蟲　43
武仙座　51
油彩蓮　47
油點百合屬　135
油點花屬　135

法比奧拉　49
法利達　112
波尼亞　67
玫瑰女王　72
玫瑰瑪琳　86
玫瑰蓮　48
臥牛　94
花之想婦蓮　51
花月夜　51
花葉扁天章　43
花鏡　107
花麗　29, 55
花麗×嬰兒手指　55
虎尾蘭屬　134
虎眼萬年青屬　134
虎豬　107
金星仙人球　156
金洋丸　157
金烏帽子　165
金盛丸　160
金鈴　126
金錢木　139
長子球的神玉　112
長生草屬　86
長葉綠爪　61
長葉寶草　99
阿房宮　88
阿修羅　149
阿格萊拉　45
阿寒湖　96
阿爾巴美人　44
阿福花科　90
阿嬌　121
雨月　121
雨燕座　45
青玉簾　107
青渚蓮　58
青渚蓮（青渚）　58
青瓷塔　108
青瓷塔屬　108
青鳥壽　33, 104
青磁玉　117
青磁杯　104
青瞳　100
青鎖龍　68
青鎖龍屬　66
青鱷蘆薈　91
非洲霸王樹　137

[9畫]
信東尼　80
勃根地冰　153
南十字星　69
厚敦菊屬　138

厚葉草屬　85
厚葉龍舌蘭　133
哈里斯　155
哈爾根比利　61
帝王錦　92
帝王錦（蘆薈屬）　92
帝玉　125
帝釋天　131
星之林　104
星公主　69
星美人　85
星鑫吊燈花　152
星影　49
星鐘花屬　148
春之奇蹟　82
春之潮　97
春峰　111
春桃玉屬　127
春雷×歐若拉　101
柘榴玉　116
柘榴玉 Glaudinae　116
洛東　68
洛緹　81
珍珠萬年草　79
秋焰　45
紅三色　155
紅化妝　60
紅多利安　43
紅唇劍龍角　147, 148
紅彩閣　110
紅窗玉　117
紅稚兒（青鎖龍屬）　69
紅稚蓮　53
紅葉祭　68
紅塵玫瑰　49
紅蕭花　86
紅鶴　91
紅蘿蘑　150
美尼王妃晃　46
美吉壽　99
美花角　147, 151
美洲龍舌蘭　130
美麗蓮（原美麗蓮屬）　74
胡椒科　152
若綠　68
苦苣苔科　138
苯巴蒂斯　45
虹之玉　82
迪克粉紅　49
重塔蘆薈　93
風車草屬　74
風車草屬×佛甲草屬　73
風車草屬×擬石蓮屬　71

[10畫]

哥列麒麟　111
哨兵花（哨兵花屬）　134
哨兵花屬　134
唐印　63
姬玉露　98
姬明鏡　41
姬星美人　79
姬秋麗　74
姬秋麗錦　75
姬笹　81
姬黃金花月　68
姬麒麟　113
姬朧月　30
峨眉山　110
恐龍臥牛錦　95
晃玉　112
晃玉屬　129
桃太郎　53
桑科　140
泰迪熊兔耳　30, 63
海琳娜　51
烏木墨×墨西哥巨人　44
烏羽玉屬　162
特白磨面壽　103
珠貝玉　121
琉桑屬　141
琉璃殿　101, 108
琉璃殿錦　101
祝典　122
祝宴錦　106
神刀　69
神仙玉　164
神玉　112
神想曲　42
粉紅爪　48
粉紅佳人　72
粉紅眼　147, 149
粉紅寶石　71
粉梅　79
紐倫堡珍珠　55
翁寶屬　162
脆星　153
臭桑　141
般若　113, 158
茜之塔　66
茜之塔錦　66
茶笠　143
草莓天鵝絨　86
豹皮花屬　146
逆鱗龍　110
酒天童子　133
馬齒莧科　139, 141, 145
馬齒莧屬　139
鬼樓閣　111

[11畫]
假西番蓮屬　142
密葉蓮　83
將軍閣　114
常綠瓶幹　137
強刺屬　164
彩色蠟筆　70
旋葉姬星美人（佛甲草屬）　79
旋葉鷹爪草　101
曼特利　102
梅花鹿水泡　43
淡青霜　125
清盛錦　41
清影球屬　163
渚之夢　53
牻牛兒苗科　139
畢之比　137
異型龍舌蘭　131
眼斑劍龍角　147, 149
細長群鷲　143
習志野　161
莖足單線戟　114
莫桑　53
野兔耳　64
野玫瑰之妖精　53
雪女王　90
雪之花　107
雪兔　59
雪晃　164
雪特　49
雪國萬象　102
雪景色　107
雪錦星　56
雪雛　60
麻瘋樹屬　115

[12畫]
勞氏蘆薈　白狐　32, 92
勞爾　79
富貴玉　117
寒鳥巢　49
惠比須笑　136
惠毛丸　165
惠毛球屬　165
斑馬蘿藦　147, 149
斑點綠　91
斯嘉麗　57
普西利菊　145
普利托里亞　55
普諾莎　69
景天科　40～89
朝之霜　161
棉花糖　155
棒錘樹屬　136

森之妖精　55
棱葉龍舌蘭　132
椒草屬　152
犀角屬　150
猩猩丸　157
琳達珍　52
琳賽×墨西哥巨人　52
琴爪菊　126
番杏科　116
筒蝶青　137
紫丁香　71
紫公主　56
紫心　56
紫日傘　53
紫羊絨　40
紫花祝典　122
紫帝玉　125
紫晃萬象　102, 108
紫紋龍　114
紫章　144
紫殿　98
紫禁城　105
紫夢　72
紫翠　104
紫褐富貴玉　117
紫褐紫勳　118
紫龍　144
紫麗丸　163
紫麗殿　83
紫蠻刀　144
絲葦屬　161
菊瓦蓮　89
菊科　138, 142
華竹潘紅　132
菲歐娜　50
象牙玉　137
象牙宮　136
象牙塔　68
象牙團扇　165
象足漆樹　140
費西古拉塔　155
超兜　158
雲朵　47
雲朵（石化）　47
黃花尾花角　146
黃花黃日輪玉　116
黃花賽莫塔　146, 147
黃花寶山　162
黃金月兔耳　64
黃金春峰　111
黃金象牙　51
黃金象牙團扇　165
黃菀屬　144
黃微紋玉　116

黃麗　78
黃麗錦　31
黑法師　40
黑玫瑰　57
黑珠錦　83
黑莓　78
黑鯊　97
亂雲×甲蟹　32

[13畫]
圓葉松之綠　81
圓葉花月錦　69
圓頭玉露　98
塊根植物　19, 136, 138～142
塊根壽　108
塔翠草　152
奧卡龍舌蘭　132
奧西恩　54
奧莉維亞　54
奧普琳娜　72
奧德利　96
愛染錦　41
愛爾蘭薄荷　51
愛麗兒　45
新天地　159
新玉綴　79
極光球屬　163
照波錦　129
獅子壽　107
瑕刀玉屬　124
瑞琳玉　118
瑞典摩南　89
稚兒麒麟　113
稚兒櫻　36
稜鏡　55
群雀　85
聖路易斯　57
聖誕冬雲　47
萬年草　81
萬物想　88
萬輪　105
蒂比　59
蒂亞　84
蠟角　148
達摩秋麗　74
達摩寶草　99
雷帝　131
鼓笛　101
鼓笛錦　101
鼓槌天章　43

[14畫]
壽光　104
壽麗玉　117

夢星　80
摺扇蘆薈屬　93
旗袍　97
漆樹科　140
熊童子　30, 77
熊貓月兔耳　65
瑠璃塔　110
瑠璃塔（大戟屬）　110, 113
瑪格麗特　29, 72
瑪琳　32, 86, 87
瑪雅　101
瑪雅琳　84
睡蓮　60
碧玉　124
碧玉蓮屬　128
碧桃　54
碧珠景天屬×佛甲草屬　73
碧琉璃鸞鳳玉　158
碧魚蓮　128
福兔耳　64
福娘　76
精巧殿　160
綠爪 hyb　48
綠玉扇　106
綠玉露　97
綠冰　95
綠玫瑰　100
綠陰　98
綠焰　84
綠福來玉　117
綠龜之卵　80
綠寶石　100
網狀巴里玉　117
綾耀玉　127
翠冠玉　162
翠晃冠　159
翠綠萬年草　79
翡翠　102
翡翠冰法師　41
翡翠柱屬　114
翡翠珠　144
舞乙女　69
蒼角殿　135
蒼角殿屬　135
蒼龍　112
薑果漆屬　140
蓓菈　71
蜜桃女孩　75
裴翠殿　92
裸萼屬　159
赫麗　68
酷比　155
銀天女　75
銀月　31, 144

銀毛球　157
銀毛球屬　156
銀杯　67
銀波錦屬　76
銀星　72
銀倫敦　57
銀翁玉　163
銀豹　135
銀雷　103
銀箭　68
銀龍屬　115
銀麗玉屬　124
銅壺　120
銅壺法師　41
銅綠麒麟　109
銘月　78
魁偉玉　111
鳳卵草屬　125
鳳梨科　153
鳳雛玉　121

[15畫]
劍山之縞屬　153
劍葉菊　145
墨小錐　121
廚子王　123
德蘭席娜　48
暴風雪　90
澄心丸　156
澄江　59
皺葉麒麟　110
蓮花掌屬　40
蔓蓮（風車草屬）　34
蔓蓮（擬石蓮屬）　52
蔓蓮華　68
褐武臘泉　152
魯賓斯　82

[16畫]
凝蹄玉　142
凝蹄玉屬　142
勳章玉 3公里康科帝亞　122
勳章玉 Neohallii　122
盧平　52
糖梅　107
膨珊瑚　109
膨珊瑚（綴化）　109
蕁麻科　151
蕪城丸　160
螢光玉　122
螢光玉 希利　123
錦乙女　70
錦珊瑚　115
錦晃星　56

錦鈴殿（天錦章屬） 42
錦輝玉 124
錦繡玉屬 164
錫朗 61
靜夜 48
靜夜玉綴 84
靜鼓 105
龍爪 133
龍舌蘭 130
龍舌蘭屬 32, 130
龍血 82
龍骨葵 139
龍骨葵屬 139
龜甲龍 142

[17畫]
嬰兒手指 30, 84
戴卡爾黛亞 114
擬石蓮屬 44
蕾絲龍舌蘭 130
薄化妝 81
薄荷 77
薄稜玉屬 164
薯蕷科 144
薯蕷屬 142
賽西莉芙麗雅 107
賽琳娜 57
闊葉油點百合 135
霜山卡蘿拉 58
鮫花屬 124
黛比 48
點點兔耳 65

[18畫]
斷崖女王 138
獵戶座 54
織姬 53
藍天 46
藍月影 49
藍卡美龍 132
藍色帝王 131
藍色雷電 46
藍色獵戶座 46
藍豆 74
藍粉筆 145
藍粉筆 145
藍絲帶 66
藍雲 46
藍寶石 59
豐滿女孩 76
雙花龍舌蘭 131
雛鳥 123
鯊魚掌屬 94
鯊魚掌屬×蘆薈屬 95

鵝卵石 75

[19畫]
瀧雷 130
瓊丹尼爾 51
繭型玉 119
羅紋錦 92
羅斯拉棒槌樹 137
羅琳茲 52
羅賓 56
鏡球 102
類鋸齒龍舌蘭 131
麒麟花 112
麒麟花 交配種 112
麒麟花 園藝種 112
麗光殿 156
麗拉 61
麗春玉 118

[20畫]
嚴龍 133
寶珠 80
寶珠球屬 163
寶珠球屬 163
寶草 36, 99
寶祿絲 42
寶綠屬 126
寶輪玉 113
朧月 74
蘆薈屬 90
蘇卡達蘿蔗 151
蘇珊乃 70
蘇鐵麒麟 113

[21畫]
櫻水晶 100
櫻吹雪 143
櫻桃女王 46
灌木厚敦菊 138
蠟牡丹 84
鐵甲丸 109
鐵錫杖 145
鐵蘭屬 154
露比諾瓦 57
露鏡 151
露鏡（冷水麻屬） 151
魔星花 147, 149
魔蓮花屬 89
鶴之城 107

[23畫]
戀心 81
蘿拉 52
蘿蔗科（前蘿蔗科） 146

變色龍錦 81
鱗芹屬 108
24畫
鷹爪 103

[27畫]
鱷魚 73

[28畫]
豔日傘 35, 40
豔桐草屬 138

［参考文献］

『多肉植物サボテン語辞典』Shabomaniac!監修 主婦の友社 2020

『〔最新〕園芸・植物用語集』土橋豊著 淡交社 2019

『多肉植物全書 ALL about SUCCULENTS』
　　　パワポン・スパナンタナーノン　チャニン・トーラット
　　　ピッチャヤ・ワッチャジッタパン著／飯島健太郎監修／大塚美里訳 グラフィック社 2019

『世界の多肉植物3070種』佐藤勉著 主婦の友社 2019

『NHK趣味の園芸 多肉植物パーフェクトブック』
　　　靏岡秀明 長田研 松岡修一 山城智洋監修 ＮＨＫ出版 2019

『多肉植物検定公式テキスト』日本多肉植物検定協会監修 Next Publishing Authors Press 2019

『多肉植物＆コーデックス Guide Book』主婦の友社編 主婦の友社 2019

『サボテン全書 ALL about CACTUS』
　　　パワポン・スパナンタナーノン著／飯島健太郎監修／大塚美里訳 グラフィック社 2018

『多肉植物の栽培』羽兼直行著 主婦の友社 2018

『多肉植物エケベリア』サボテン相談室 羽兼直行著 電波社 2018

『多肉植物ハオルシア 美しい種類と育て方のコツ』
　　　林雅彦（日本ハオルシア協会）監修 日東書院本社 2017

『これでうまくいく！よく育つ多肉植物BOOK』靏岡秀明著 主婦の友社 2017

『多肉植物ハンディ図鑑』サボテン相談室 羽兼直行監修 主婦の友社 2015

『特徴がよくわかる おもしろい多肉植物350』長田研著 家の光協会 2015

『はじめての多肉植物 育て方＆楽しみ方』国際多肉植物協会監修 ナツメ社 2014

『多肉植物 ＮＨＫ趣味の園芸 ──よくわかる栽培12か月』長田研著 ＮＨＫ出版 2012

『育ててみたい！美しい多肉植物』勝地末子監修 日本文芸社 2007

『理科年表2020』国立天文台編 丸善出版 2019

『こよみハンドブック』大阪市立科学館 2018

[監修者]
田邉昇一

1949年出生。神奈川縣川崎市多肉植物專賣店「Tanabe Flower」的經營者。以隨時提供600種以上豐富品項的服務為傲。這家吸引許多多肉植物愛好者的人氣商店，不僅擁有銷售專用的溫室，也有供人參觀的培育專用溫室。曾經在市場上以花壇苗的生產銷售為業，但自2010年起，開始栽培年少時期喜愛的仙人掌與多肉植物，轉而投入專門生產直售多肉植物的工作直至今日。針對栽培基本土壤進行改良，目前接近完成階段，正在進一步改良研究。目標是打造出為所有人提供服務的專賣店，希望不論多肉植物的初學者或是進階玩家都能找到想要的商品。

[混植製作]
＊丸山美夏（p.8～11・38～39）
＊タナベフラワー（p.12～16）

[協力]
＊渥美園芸

＊宮﨑務＜PRICK GARDEN CACTUS Miyazaki＞

＊design & crafts POTS

＊moG Design

[STAFF]
編輯・構成　小沢映子＜GARDEN＞
攝　　影　天野憲仁（日本文芸社）
撰　　稿　大泉洋子
編輯協力　大泉茉結子
插　　畫　千原櫻子
設　　計　原条令子デザイン室

我的第一株
多肉植物

出　　　版／楓葉社文化事業有限公司
地　　　址／新北市板橋區信義路163巷3號10樓
郵 政 劃 撥／19907596　楓書坊文化出版社
網　　　址／www.maplebook.com.tw
電　　　話／02-2957-6096
傳　　　真／02-2957-6435
監　　　修／田邉昇一
翻　　　譯／林芷柔
責 任 編 輯／江婉瑄
內 文 排 版／楊亞容
校　　　對／邱鈺萱
港 澳 經 銷／泛華發行代理有限公司
定　　　價／420元
出 版 日 期／2022年7月

國家圖書館出版品預行編目資料

我的第一株多肉植物 / 田邉昇一作；林芷柔
翻譯. -- 初版. -- 新北市：楓葉社文化事業
有限公司, 2022.07　面；　公分
ISBN 978-986-370-427-0（平裝）

1. 多肉植物　2. 栽培

435.48　　　　　　　　　　111006804